MG动画制作基础培训教程

朱逸凡 编著

人民邮电出版社

北 京

图书在版编目（CIP）数据

MG动画制作基础培训教程 / 朱逸凡编著. -- 北京：
人民邮电出版社, 2022.3
ISBN 978-7-115-57290-5

Ⅰ. ①M… Ⅱ. ①朱… Ⅲ. ①视频编辑软件－教材
Ⅳ. ①TN94

中国版本图书馆CIP数据核字(2021)第188768号

内 容 提 要

本书重点介绍了影视后期处理软件 After Effects 2020 的基础操作方法和 MG 动画的制作技法，包括 MG 动画的制作要素、MG 动画的制作流程、关键帧动画、蒙版与遮罩动画、表达式动画、形状图层动画、文字动画、变速动画、基础元素动画训练，以及 MG 动画综合案例等内容。

全书以课堂案例为主线，展开软件功能、操作方法与技巧的讲解。通过对各案例的实际操作，读者可以快速上手，熟悉 After Effects 2020 软件功能与 MG 动画的制作思路。书中的软件功能解析部分使读者能深入学习软件功能；课堂练习和课后习题可以拓展读者的实际应用能力，掌握软件使用技巧；综合案例可以帮助读者快速掌握 MG 动画的制作思路和方法，顺利达到实战水平。

本书提供配套的学习资源，包含课堂案例、课堂练习、课后习题和综合案例的素材文件、实例文件和视频文件。同时，本书还提供了配套教学 PPT 课件、教学大纲、教案等教师专享资源。获取方式请参考资源与支持页。

本书适合作为院校和培训机构 MG 动画等相关专业课程的教材，也可作为 MG 动画自学人员的参考用书。注意，本书内容均基于 After Effects 2020 版本编写，读者可安装相同或更高版本的软件学习。

◆ 编　著　朱逸凡
　责任编辑　王　冉
　责任印制　马振武

◆ 人民邮电出版社出版发行　　北京市丰台区成寿寺路 11 号
　邮编 100164　　电子邮件 315@ptpress.com.cn
　网址 https://www.ptpress.com.cn
　固安县铭成印刷有限公司印刷

◆ 开本：787×1092　1/16　　　　　彩插：2
　印张：18.5　　　　　　　　　2022 年 3 月第 1 版
　字数：573 千字　　　　　　　2025 年 1 月河北第 14 次印刷

定价：59.90 元

读者服务热线：(010)81055410　印装质量热线：(010)81055316
反盗版热线：(010)81055315
广告经营许可证：京东市监广登字 20170147 号

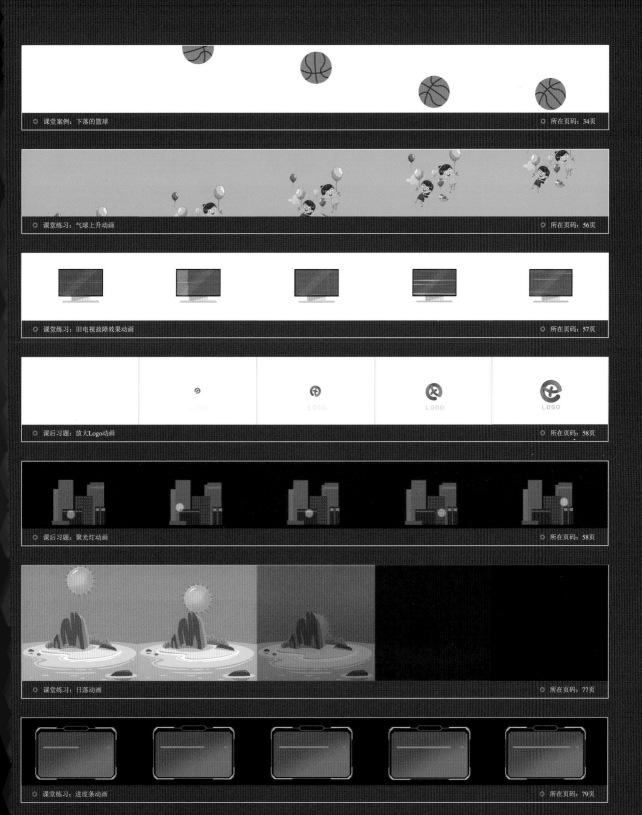

◎ 课堂案例：下落的篮球　　　　　　　　　　　　　　　　　◎ 所在页码：34页

◎ 课堂练习：气球上升动画　　　　　　　　　　　　　　　　◎ 所在页码：56页

◎ 课堂练习：旧电视故障效果动画　　　　　　　　　　　　　◎ 所在页码：57页

◎ 课后习题：放大Logo动画　　　　　　　　　　　　　　　　◎ 所在页码：58页

◎ 课后习题：聚光灯动画　　　　　　　　　　　　　　　　　◎ 所在页码：58页

◎ 课堂练习：日落动画　　　　　　　　　　　　　　　　　　◎ 所在页码：77页

◎ 课堂练习：进度条动画　　　　　　　　　　　　　　　　　◎ 所在页码：79页

案例展示

◎ 课堂练习：书掉落动画　　　　　　　　　　　　　　　　　　　◎ 所在页码：80页

◎ 课堂练习：刹车动画　　　　　　　　　　　　　　　　　　　　◎ 所在页码：82页

◎ 课后习题：手臂动作动画　　　　　　　　　　　　　　　　　　◎ 所在页码：84页

◎ 课后习题：风扇变速动画　　　　　　　　　　　　　　　　　　◎ 所在页码：84页

◎ 课堂案例：水墨显现动画　　　　　　　　　　　　　　　　　　◎ 所在页码：100页

◎ 课堂练习：Logo转场动画　　　　　　　　　　　　　　　　　　◎ 所在页码：108页

◎ 课后习题：分屏动画　　　　　　　　　　　　　　　　　　　　◎ 所在页码：110页

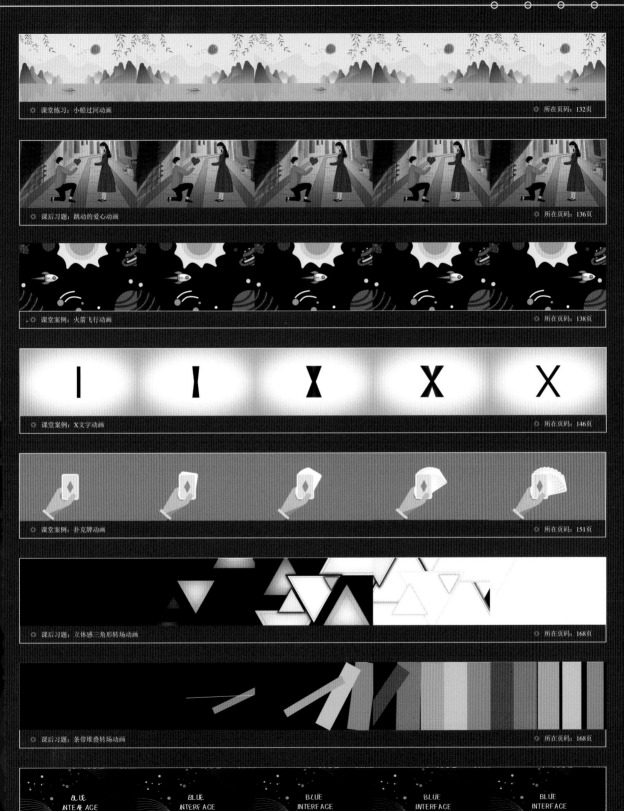

◎ 课堂练习：小船过河动画 　　　　　　　　　　　　　　　　　　　　　◎ 所在页码：132页

◎ 课后习题：跳动的爱心动画 　　　　　　　　　　　　　　　　　　　　◎ 所在页码：136页

◎ 课堂案例：火箭飞行动画 　　　　　　　　　　　　　　　　　　　　　◎ 所在页码：138页

◎ 课堂案例：X文字动画 　　　　　　　　　　　　　　　　　　　　　　◎ 所在页码：146页

◎ 课堂案例：扑克牌动画 　　　　　　　　　　　　　　　　　　　　　　◎ 所在页码：151页

◎ 课后习题：立体感三角形转场动画 　　　　　　　　　　　　　　　　　◎ 所在页码：168页

◎ 课后习题：条带堆叠转场动画 　　　　　　　　　　　　　　　　　　　◎ 所在页码：168页

◎ 课堂练习：文字随机摆动动画 　　　　　　　　　　　　　　　　　　　◎ 所在页码：190页

案例展示

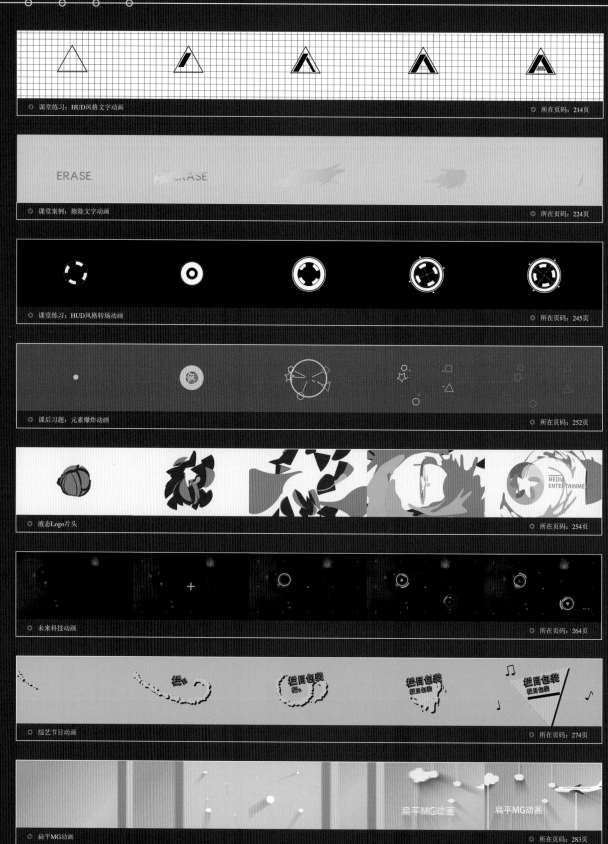

◎ 课堂练习：HUD风格文字动画　　　　　　　　◎ 所在页码：214页

◎ 课堂案例：擦除文字动画　　　　　　　　◎ 所在页码：224页

◎ 课堂练习：HUD风格转场动画　　　　　　　　◎ 所在页码：245页

◎ 课后习题：元素爆炸动画　　　　　　　　◎ 所在页码：252页

◎ 液态Logo片头　　　　　　　　◎ 所在页码：254页

◎ 未来科技动画　　　　　　　　◎ 所在页码：264页

◎ 综艺节目动画　　　　　　　　◎ 所在页码：274页

◎ 扁平MG动画　　　　　　　　◎ 所在页码：283页

前　言

随着一些综艺节目的播出和自媒体短视频的上线，我们的生活中出现了大量以文字和图形作为主要内容的动画，不但内容诙谐有趣，其中可爱的卡通形象也容易给人们留下深刻的印象。这种艺术形式就是MG动画，常见于企业宣传、节目片头、MV、现场舞台屏幕、交互式的网页和App等领域。

为了帮助院校和培训机构的教师比较全面、系统地教授这门课程，帮助相关从业人员熟练掌握使用After Effects来制作MG动画，航骑教育组织从事MG动画制作工作的专业人士编写了本书。

我们对本书的编写体系做了精心的设计，按照"课堂案例→软件功能解析→课堂练习→课后习题"这一思路精心编排，力求通过课堂案例演练帮助读者快速熟悉软件功能和MG动画制作思路，通过软件功能解析帮助读者深入学习软件功能和制作技法，通过课堂练习和课后习题拓展读者的实际应用能力。在内容编写方面，力求细致全面、重点突出；在文字叙述方面，注意通俗易懂、言简意赅；在案例选取方面，注重案例的针对性和实用性。

本书的参考学时为44学时，其中实训环节为20学时，各章的参考学时参见下面的学时分配表。

章	课程内容	学时分配	
		讲授	实训
第1章	MG动画的制作要素	1	
第2章	MG动画的制作流程	2	1
第3章	关键帧动画	2	2
第4章	蒙版与遮罩动画	2	2
第5章	表达式动画	2	2
第6章	形状图层动画	3	3
第7章	文字动画	2	2
第8章	变速动画	3	2
第9章	基础元素动画训练	3	2
第10章	MG动画综合案例	4	4
学时总计		24	20

为了方便读者更直观地了解本书的结构体系，下面对全书结构进行图解展示。

10.1 液态Logo片头

素材位置　素材文件>CH10>液态Logo片头
实例位置　实例文件>CH10>液态Logo片头
在线视频　液态Logo片头.mp4
学习目标　掌握液态风格的动画制作和形状的综合方法

本例制作的动画静帧图如图10-1所示。

图10-1

10.1.1 液体迸发阶段

01 导入本书学习资源中的素材文件"素材文件>CH10>液态Logo片头>3D"，选择文件中的所有图片，并勾选"PNG序列"选项，最后单击"导入"按钮 完成素材导入，如图10-2所示。

图10-2

02 在"项目"面板中选中导入的图片序列，并将其重命名为"ball"，如图10-3所示。

03 创建一个合成，并将其命名为"液态Logo"，然后将步骤01导入的素材添加到该合成中，接着单击"合成"面板中的"切换透明网格"按钮 ，使合成中的透明部分以网格的形式显示，如图10-4所示。

9.3.1 课堂案例：能量汇聚膨胀效果动画

素材位置　无
实例位置　实例文件>CH09>课堂案例　能量汇聚膨胀效果动画.aep
在线视频　课堂案例　能量汇聚膨胀效果动画.mp4
学习目标　掌握图形叠加动画的制作方法

本例制作的动画静帧图如图9-51所示。

图9-51

1.射线汇聚动画

01 新建一个合成，并将其命名为"能量汇聚"。按快捷键Ctrl+Y创建一个形状图层，并设置颜色为黑色（R:39，G:39，B:39），效果如图9-52所示。

02 使用"钢笔工具" 绘制一条射线（起点接近画面的中心），并设置"描边宽度"为6像素，"描边颜色"为紫色（R:198，G:142，B:227），然后使用"锚点工具" 将锚点移动到射线的起点，效果如图9-53所示。

图9-52　　　　　　图9-53

7.4.3 课堂练习：文字旋涡动画

素材位置　素材文件>CH07>课堂练习　文字旋涡动画
实例位置　实例文件>CH07>课堂练习　文字旋涡动画
在线视频　课堂练习　文字旋涡动画.mp4
学习目标　掌握文字路径动画的制作方法

本例制作的动画静帧图如图7-73所示。

图7-73

4.5 课后习题

为了巩固前面学习的知识，下面安排两个习题供读者课后练习。

4.5.1 课后习题：容器液体效果

素材位置	素材文件>CH04>课后习题　容器液体效果
实例位置	实例文件>CH04>课后习题　容器液体效果
在线视频	课后习题　容器液体效果.mp4
学习目标	掌握亮度蒙版的用法

本例制作的动画静帧图如图4-107所示。液体动画使用到遮罩效果，同时，画面中的文字会随着水面的上升改变颜色，此时也用到了遮罩效果。

图4-107

帮助读者强化刚学完的重点知识，做到举一反三。

重要参数介绍

钢笔工具 ：除了绘制路径以外，还可以通过拖曳顶点更改蒙版路径的形状，如图4-41所示。

图4-41

添加"顶点"工具 ：在原有的蒙版路径上添加新的顶点，并配合"钢笔工具" 更改蒙版路径的形状，如图4-42所示。

图4-42

删除"顶点"工具 ：删除原有蒙版路径上的某个顶点，如图4-43所示。

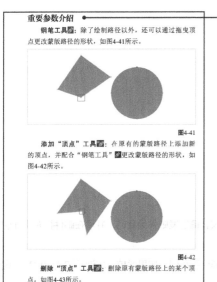

4.2.3 蒙版叠加模式

用形状工具和钢笔工具绘制的图形是矢量图形，除了基本的图形变换属性以外，还包含其他变换属性。选中目标图层后，按M键调出"蒙版"属性，在蒙版的"模式"栏内可以更改对应蒙版的叠加模式，如图4-46所示。蒙版的叠加模式共有"无""相加""相减""交集""变亮""变暗""差值"7种，在默认情况下，所有蒙版的叠加模式均为"相加"。一般来说，第一层的蒙版叠加模式只会在"无""相加"和"相减"中选择，其他模式则多用于蒙版间的叠加。

图4-46

> **提示**
> 当图层中有多层蒙版时，仅有第一层蒙版可以与图层相互作用（具体来说是与非全透明图层的Alpha通道相互作用），其他蒙版则只会与堆积在它之上的蒙版相互作用。

95

重要参数介绍：After Effects重要功能、工具和参数的详解，让读者理解参数含义及工具用法。

提示：作者根据多年的行业经验总结出来的操作技巧和MG动画制作中需要注意的地方。这些提示可以对读者的学习起到事半功倍的作用。

知识点：用蒙版扩张制作平滑的转场

按快捷键Ctrl+Y新建一个纯色图层，并设置"颜色"为青色，然后使用"椭圆工具" 绘制一个椭圆形。选中纯色图层，然后双击形状工具，即可自动建立与图层大小契合的椭圆蒙版，如图4-59所示。

图4-59

知识点：使用After Effects制作MG动画的过程中的一些操作技巧解析，便于读者深刻理解相关知识。

本书能顺利出版，得力于业内相关人士的支持和帮助，在此表示感谢。由于时间仓促，编者水平有限，书中难免存在疏漏之处，敬请广大读者批评指正。若读者在学习过程中遇到问题和困难，欢迎大家与我们联系，我们将竭诚为广大读者服务。

编者
2021年12月

资源与支持

本书由"数艺设"出品,"数艺设"社区平台(www.shuyishe.com)为您提供后续服务。

配套资源

全书课堂案例、课堂练习、课后习题和综合案例的素材文件、实例文件及在线教学视频。

资源获取请扫码

在线视频

提示:微信扫描二维码,点击页面下方的"兑"→"在线视频+资源下载",输入51页左下角的5位数字,即可观看视频。

教师专享资源

配套教学PPT课件、教学大纲、教案。

"数艺设"社区平台为艺术设计从业者提供专业的教育产品。

与我们联系

我们的联系邮箱是 szys@ptpress.com.cn。如果您对本书有任何疑问或建议,请您发邮件给我们,并请在邮件标题中注明本书书名及ISBN,以便我们更高效地做出反馈。

如果您有兴趣出版图书、录制教学课程,或者参与技术审校等工作,可以发邮件给我们。如果学校、培训机构或企业想批量购买本书或"数艺设"出版的其他图书,也可以发邮件联系我们。

如果您在网上发现针对"数艺设"出品图书的各种形式的盗版行为,包括对图书全部或部分内容的非授权传播,请您将怀疑有侵权行为的链接通过邮件发给我们。您的这一举动是对作者权益的保护,也是我们持续为您提供有价值的内容的动力之源。

关于数艺设

人民邮电出版社有限公司旗下品牌"数艺设",专注于专业艺术设计类图书出版,为艺术设计从业者提供专业的图书、视频电子书、课程等教育产品。出版领域涉及平面、三维、影视、摄影与后期等数字艺术门类,字体设计、品牌设计、色彩设计等设计理论与应用门类,UI设计、电商设计、新媒体设计、游戏设计、交互设计、原型设计等互联网设计门类,环艺设计手绘、插画设计手绘、工业设计手绘等设计手绘门类。更多服务请访问"数艺设"社区平台www.shuyishe.com。我们将提供及时、准确、专业的学习服务。

目 录

第1章

MG动画的制作要素

MG动画经常用于企业宣传、节目片头、MV、现场舞台屏幕、交互式的网页和App等领域。它是一种以文字和图形作为主要内容的动画，不但内容诙谐有趣，其中很多可爱的卡通形象也很容易给人们留下深刻的印象。目前MG动画以简洁、生动的特点成为广受欢迎的广告宣传方式。

课堂学习目标

- 了解MG动画的类别和风格
- 了解After Effects在MG动画中的作用
- 了解Illustrator在MG动画中的作用
- 了解Photoshop在MG动画中的作用

1.1 MG动画的类别

MG动画的全称是Motion Graphics，即动态的图形。MG动画是一些发生了移动、旋转和形变的简单几何元素的堆叠和组合，是一种新兴的影像艺术。MG动画融合了平面设计和动画设计，表现形式丰富多样，具有很强的包容性，可以兼容各种各样的表现风格，其中包含科普类MG动画、人物类MG动画、二维图形类MG动画、综合类MG动画和三维类MG动画。

本节内容介绍

名称	作用	重要程度
科普类	了解科普类动画的要点	高
人物类	了解人物类动画的要点	高
二维图形类	了解二维图形类动画的要点	高
综合类	了解综合类动画的要点	高
三维类	了解三维类动画的要点	中

1.1.1 科普类

科普类动画用于介绍某个特定的想法或主题。科普类动画的目的是让观者尽可能地理解其中的信息，因此所有的元素都为合理地"表达"而服务，不会过分注重画面的美感。与数据高度相关的科普类MG动画中常会出现大量的动态数字及图表等元素，如图1-1所示。

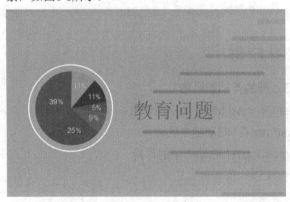

图1-1

1.1.2 人物类

人物类动画主要是以卡通人物为主题，借助角色的外观、行为动作等来表达作者想通过影片传递的相关信息。人物类动画通过塑造有特色的人物形象，使内容具有鲜明的表现力，达到快速吸引观者眼球的

目的，同时又让观者产生较强的代入感，容易达到良好的传播效果。此外，这类动画中往往会出现许多与人物互动的物体，在制作前需要准备大量的素材。如图1-2所示，除了人物素材，我们还需要提前准备和人物互动的篮球、球筐及长椅等素材。

图1-2

1.1.3 二维图形类

二维图形类动画中的所有元素都由较简单的二维几何元素组成。由于动画中不含有三维元素（指通过三维方法制作，而不是通过二维图形的组合实现三维视觉效果），因此一般在整个动画或片段中使用相同的视角，并且透视关系也较为简单。因为此类动画的画面中没有作者要直接表达的信息，所以观者会将更多的注意力放在元素的排列和运动上，这就要求作者具有分镜设计的能力和灵活使用运动曲线的能力，如图1-3所示。

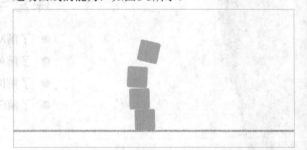

图1-3

1.1.4 综合类

综合类动画中往往不仅有二维图形元素，还会包含大量真实世界的素材或高精度的三维模型。通过将二维元素和真实世界中的素材相结合，动画能够表现出"虚拟空间"和"未来科技"等具有科幻

感觉的效果。HUD（Head Up Display，平视）风格的图形修饰了单调的机械，增强了画面的故事感，同时使画面变得饱满，更富多样性，如图1-4所示。

图1-4

1.1.5 三维类

以上4种MG动画都是以二维元素为主，而三维类动画则是以三维元素为主。在动画中使用三维元素，可以实现更加复杂的图形变化和空间关系。因此三维类动画往往具有更强的视觉冲击力和表现力，但也需要更高的制作成本和更长的制作时间。要想制作出三维类动画，还需要熟练掌握三维软件，如Cinema 4D、Blender等，如图1-5所示。

图1-5

> **提示** 本书主要介绍以二维元素为主的MG动画。

1.2 MG动画的制作流程

制作一个完整的MG动画需要经历脚本文案设计、美术设定、分镜设计、动画制作和配音配乐5个阶段，不过这些都是针对时间较长的大型项目，而对于一些简单的动画（如UI动效），则只需要在一段时间内模拟出物体的动势即可。下面我们来了解制作一个成熟的商业动画需要经历哪些流程。

1.2.1 脚本文案

在动画制作开始时，应该先设计好MG动画的脚本文案，即确定动画需要表达的中心思想或信息。若是没有设计好脚本就匆匆开始后续步骤，后期往往需要经过多次修改和返工。

> **提示** 对大多数科普MG动画来说，还需要提前设计好动画中的旁白、对话等文案，尤其应该注意精简文案的语言表达，以减少动画制作的工作量。

1.2.2 美术设定

美术设定环节用于确定动画的人物造型、色彩风格和设计风格等，保证MG动画的整体美术风格是一致的，同时根据设计好的美术风格进行素材的准备。不同的MG动画拥有不同的主题，有的动画主题是卡通人物，有的则是动态几何图形。在设计之前，应从主题和受众审美等多个方面来考虑，从而更好地表达动画的主题或增强画面的美感。目前MG动画在商业项目中常用到的风格有4种，如图1-6所示。

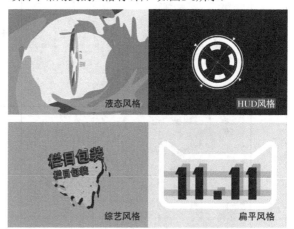

图1-6

　　MG动画融合了平面设计和动画设计的特性。从平面设计的角度来说，制作MG动画需要具备配色、元素搭配等平面知识；从动画设计的角度来说，制作MG动画需要考虑图形运动的流畅度、创意和元素与背景音乐的契合程度等。MG动画的画面相比一般的视频更加简单，因此仅合适的配色就会给观者留下深刻的印象。一个良好的配色方案不仅使画面更加协调和主次分明，也有利于表达动画的内容和含义，如图1-7和图1-8所示。

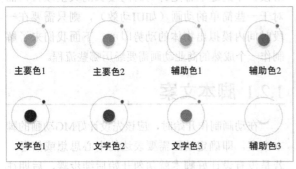

图1-7

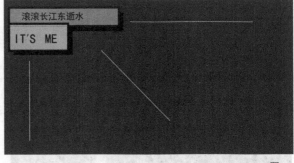

图1-8

1.2.3　分镜设计

　　像制作电影一样，制作MG动画也需要提前设计好分镜头，即用少数的画面表达清楚动画中的内容，尤其在多人合作制作MG动画时，必须要通过分镜头表达清楚要制作的内容，如表1-1所示。

表1-1

镜号	镜头运动	景别	时长	声音（包括对白）	画面内容
1		全景	1s	无	渐变色背景从右向左运动
2		全景	2s	音乐渐起	绿色背景从右向左运动，其上的物体快速运动
3	扁平MG动画	全景	1s	这是一个扁平MG动画	云朵和飞机进入画面中

1.2.4 动画制作

一般在这个环节中，我们主要使用After Effects制作动画，同时也会用到Photoshop和Illustrator等制作素材。素材的风格在一定程度上会影响动画的内容和观感，如图1-9所示。

BME风格　　　　　手绘风格　　　　　矢量风格

图1-9

我们不需要"复刻"真实的世界，而需要用二维（或三维）几何图形抽象化地表现真实世界，其图形的运动特征自然也应该与真实世界的事物有一定的相似性，以便帮助观者将图形和真实物体联系到一起，如图1-10所示。由于单帧画面上的内容更少，因此MG动画常常用频繁的动作和变化来保持画面的新鲜感，MG动画也具备画面流畅、节奏性强的特点，如图1-11所示。

图1-10

图1-11

1.2.5 配音配乐

大多数的MG动画只有视频部分是不够的，还需要添加配音、配乐和字幕等对内容进行补充，并且根据音频对动画进行细微的调整，表1-2所示为空白补充表格的样式，供读者参考。

表1-2

配音	配乐	字幕	备注

1.3 图形视频处理

After Effects是一款动态图形、视频处理软件，可以帮助我们高效地制作多种引人注目的动态图形和震撼人心的视觉效果。对以二维元素为主的MG动画制作来说，After Effects是核心工具。本节将带领大家简单了解After Effects的基础知识及其与MG动画之间的关联。

1.3.1 After Effects的工作界面

After Effects的工作界面如图1-12所示，主要由菜单栏、工具栏、"项目"面板、"合成"面板、"信息"面板、"预览"面板和"时间轴"面板7个部分组成。

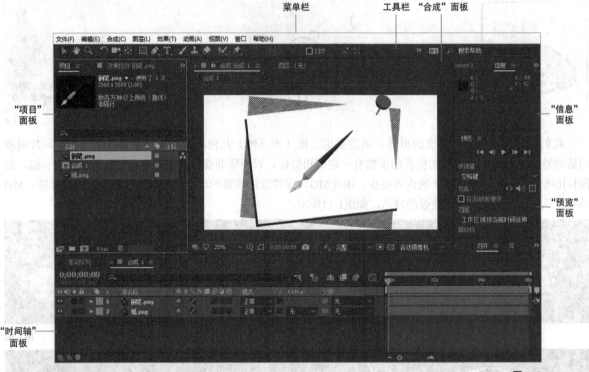

图1-12

重要参数介绍

菜单栏：执行任务的菜单，包含文件、编辑、合成、图层、效果、动画、视图、窗口、帮助等菜单，通过不同的菜单可以执行相应的命令，从而实现想要的效果，如图1-13所示。

文件(F)　编辑(E)　合成(C)　图层(L)　效果(T)　动画(A)　视图(V)　窗口　帮助(H)

图1-13

工具栏：控制现在所处的编辑模式，在不同的模式下可以对素材进行多种形式的编辑，如选择、平移和旋转等，如图1-14所示。

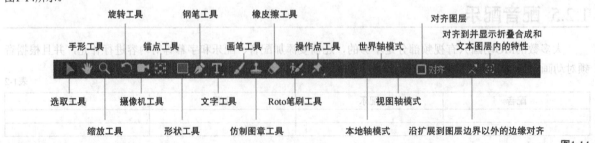

图1-14

> **提示** 将鼠标指针悬停在相应的工具上，会弹出该工具的名称及其用法，读者可以认识并尝试使用这些工具。

"项目"面板：可以看到项目中所包含的各种素材和已经建立的合成。如图1-15所示，这个项目中有"钢笔.png"和"纸.png"两个图片素材及一个名为"合成1"的合成。

"合成"面板：位于界面的中央，可用于合成画面的预览，并完成对素材的操作。在合成面板的下方，可以调节画面的缩放比例、渲染分辨率和网格透明背景等参数，便于我们更好地观察动画效果，如图1-16所示。

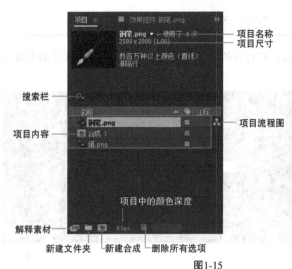

图1-15

图1-16

"信息"面板：默认位于合成面板的右侧，可以看到鼠标指针在合成面板中所在位置的像素（RGBA值）及图像的位置，如图1-17所示。

预览面板：用于设置预览的模式，如正/反向播放、控制渲染的范围、开始和停止，如图1-18所示。

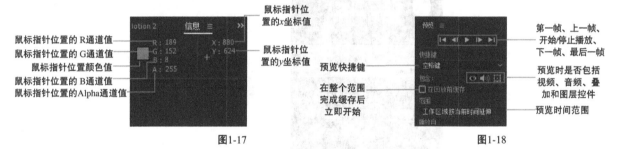

图1-17

图1-18

"时间轴"面板：在时间轴面板中可以看到当前合成中的所有图层及其相关信息，通过调节时间指示器的位置决定在合成面板中显示哪一时刻的画面，如图1-19所示。

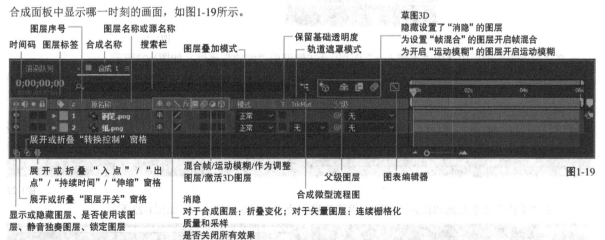

图1-19

📖 **知识点：项目/合成/图层的关系**

一个项目就是一个文件，也叫工程文件，扩展名为.aep；合成是一个影片的框架，一个项目中可以有多个合成，每一个合成都有自己的时间轴面板；一个合成包含多个图层，合成是图层的载体。

1.3.2 After Effects与MG动画的关联：制作动画

启动After Effects 2020，按快捷键Ctrl+N创建一个合成，在打开的"合成设置"对话框中保持默认的参数设置，单击"确定"按钮████，如图1-20所示。

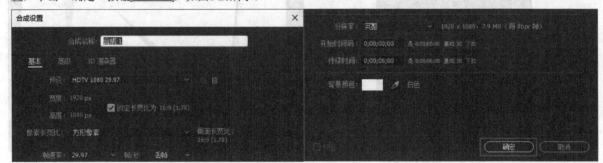

图1-20

执行"文件>导入>文件"菜单命令，在打开的"导入文件"对话框中选择一张图片导入项目中，将其拖曳到合成中，如图1-21所示。

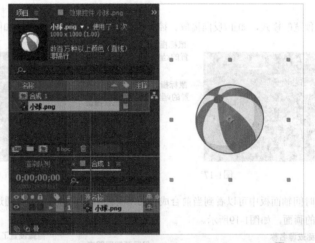

图1-21

在"时间轴"面板中选中"小球.png"图层，按S键调出"缩放"属性，如图1-22所示。

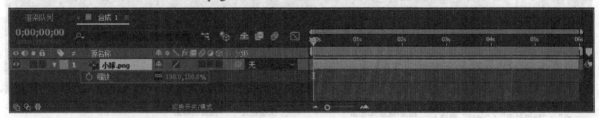

图1-22

单击"缩放"文字左侧的秒表按钮██，设置该属性值为（30%，30%），如图1-23所示。

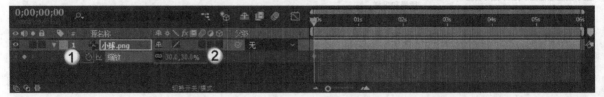

图1-23

将时间指示器移动到第1秒，设置该属性值为（100%，100%），如图1-24所示。

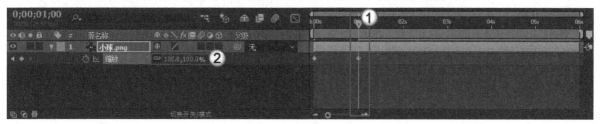

图1-24

拖曳时间指示器，就能观看小球膨胀动画了，该动画的静帧图如图1-25所示。

图1-25

1.4 矢量图处理

Illustrator是一款应用于出版、多媒体和在线图像的工业标准矢量插画的制作软件。Illustrator非常适合制作二维矢量素材，因此它是一款在制作MG动画时常常使用的软件。本节将带领大家简单学习Illustrator的基础知识并了解其与MG动画之间的关联。

1.4.1 Illustrator的工作界面

Illustrator的工作界面如图1-26所示，主要由菜单栏、属性栏、工具栏、图像窗口和控制面板5个部分组成。

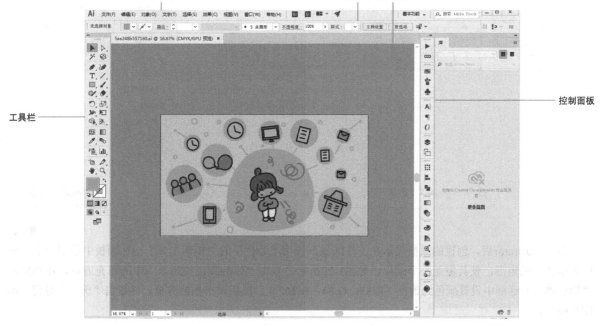

图1-26

重要参数介绍

菜单栏：执行任务的菜单，包含文件、编辑、对象、文字、选择、效果、视图、窗口和帮助等菜单，通过不同的菜单可以执行相应的命令，从而实现想要的效果。

属性栏：包含当前所选对象的属性，不同的对象具有不同的可调参数，如选中矩形时，属性栏中出现了填充、描边和描边宽度等属性，如图1-27所示。

图1-27

工具栏：包含与创建、编辑图稿相关的工具，如钢笔工具、文字工具。

图像窗口：制作矢量素材的地方，其中白色区域是画板，即图像编辑的工作区域。

控制面板：用于查看或编辑当前所处理的项目，通过控制面板可以快速调出设置的参数。

1.4.2 Illustrator与MG动画的关联：制作素材

启动Illustrator 2020，在启动界面中单击"新建"按钮，在打开的"新建文档"对话框中选择画板的尺寸为A4，单击"创建"按钮，如图1-28所示。

图1-28

打开Illustrator后，创建的画板显示在工作区域，使用工具栏中的"矩形工具" 在画板中绘制一个与画板大小相同的矩形，使其覆盖整个画板，如图1-29所示。双击"标准颜色控制器"中的填充方框，在弹出的"拾色器"对话框中设置颜色为紫色（R:85，G:84，B:162），然后单击描边方框，并单击"无"按钮，如图1-30所示。

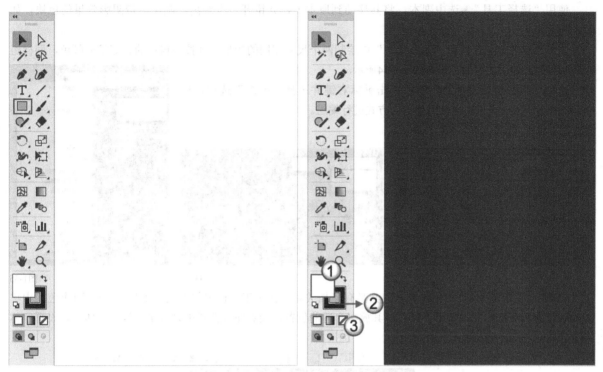

图1-29

图1-30

使用工具栏中的"矩形工具"□绘制一个扁长的矩形，并按照与上述操作相同的方式设置颜色为深紫色（R:30，G:42，B:84），按住Alt键并向右拖曳矩形，可创建一个副本，如图1-31所示。选中副本，设置它的填充颜色为绿色（R:113，G:199，B:212），然后单击"颜色"按钮■，双击"标准颜色控制器"中的描边方框，设置描边颜色为（R:30，G:42，B:84），接着在属性栏中设置描边粗细为4pt，如图1-32所示。

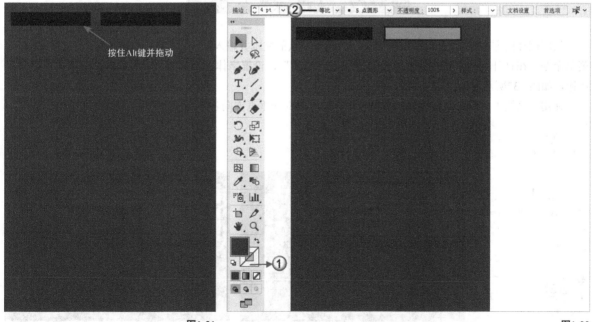

图1-31

图1-32

使用"选择工具"▶选中副本,将其移动到原本上,并错开一点距离,制作出带阴影效果的色块,如图1-33所示。

按照同样的方式,使用"矩形工具"▣绘制两个尺寸相同的矩形,并按照自己的喜好填充颜色,同样组合成带有阴影效果的矩形色块,如图1-34所示。

选中一组带阴影的色块,然后单击鼠标右键并选择"编组"选项,如图1-35所示。另一组色块也按照相同的方式进行编组。

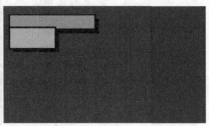
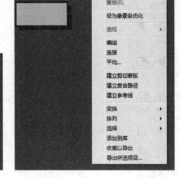

图1-33   图1-34   图1-35

将第2个色块放到第1个色块上,使其具有遮挡关系。使用工具栏中的"文字工具"T在第1个色块中单击,这里使用默认的文本即可,然后将其放在合适的位置,接着在属性栏中设置字体为"黑体",设置字体大小为18pt,如图1-36所示。

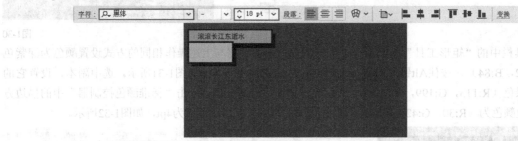

图1-36

按照同样的方法在第2个色块中创建文字,删除默认的文本并输入it's me,然后执行"窗口>文字>字符"菜单命令,在打开的"字符"面板中设置字体为"黑体",设置字体大小为36pt,并单击"全部大写字母"按钮,如图1-37所示。

使用"直线工具"╱并按住Shift键沿水平方向、斜向和垂直方向各绘制一条直线,如图1-38所示。

图1-37   图1-38

使用"画板工具"沿画板的右下角向上拖曳，当拖曳到最短的一条线时，选择"矩形工具"确定裁剪画板，如图1-39所示。绘制一个与画板同等大小的矩形，如图1-40所示。

使用工具栏中的"选择工具"框选所有的图形，然后执行"对象>剪切蒙版>建立"菜单命令对画板之外的图形进行裁剪，效果如图1-41所示。

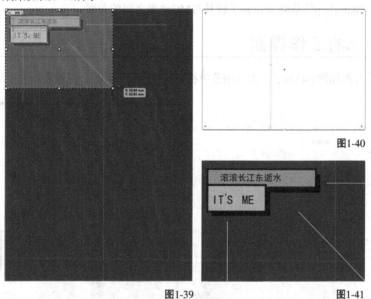

图1-39　　　　　　　　　　　图1-40

图1-41

执行"文件>导出>导出为"菜单命令，在打开的"导出"对话框中，一般选择"保存类型"为PNG或JPG格式，将其保存为背景为透明效果或不透明效果的图像，如图1-42所示。导出的图像就可以作为素材导入After Effects中制作动画。

图1-42

1.5 导出动态图

Photoshop是一款图像处理软件,包括图像编辑、图像合成、校色调色和特效制作等功能。在制作MG动画的过程中,一般不会使用Photoshop制作矢量素材,但是可能需要使用Photoshop来处理一些图片素材。本节将带领大家简单学习Photoshop的基础知识并了解其与MG动画之间的关联。

1.5.1 Photoshop的工作界面

Photoshop的工作界面如图1-43所示,主要由菜单栏、属性栏、工具栏、图像窗口和控制面板5个部分组成。

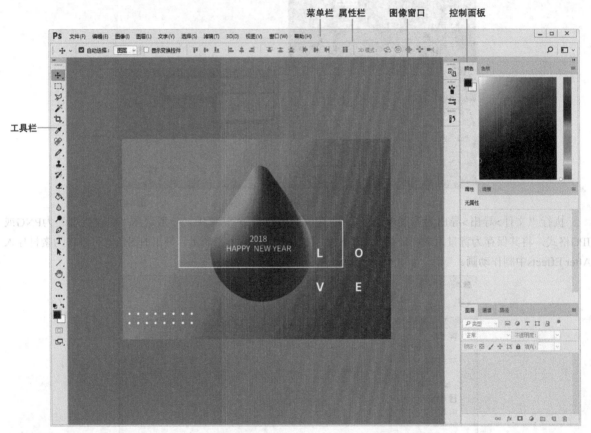

图1-43

重要参数介绍

菜单栏:执行任务的菜单,包含文件、编辑、图像、图层、文字、选择、滤镜、3D、视图、窗口和帮助等菜单,通过不同的菜单可执行相应的命令,从而实现想要的效果。

属性栏:包含当前所选对象的属性,不同的对象具有不同的可调参数。

工具栏:包含与创建、编辑图稿相关的工具,如钢笔工具、文字工具。

图像窗口:制作位图素材的地方,其中白色区域是画布,即图像编辑的工作区域。

控制面板:窗口设置和实时显示设置不同,面板中将有不同的功能或信息显示。

1.5.2 Photoshop与MG动画的关联:导出GIF

启动Photoshop 2020,从素材文件夹中拖曳多张图片到图像窗口中,如拖曳4张连续的静帧图到图像窗口中,4张图片将作为图层依次导入,如图1-44所示。

图1-44

调整图层顺序，按照从下到上的顺序依次放置由小到大的球，然后执行"窗口>时间轴"菜单命令，显示出"时间轴"面板，如图1-45所示。

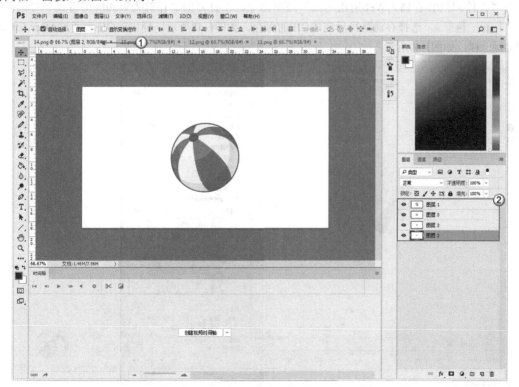

图1-45

在"时间轴"面板中单击"创建视频时间轴"按钮 创建视频时间轴 ，即可创建一个时间轴，如图1-46所示，调整每个图层所对应的入点和出点，使每个图层持续时间条错开排列，如图1-47所示。

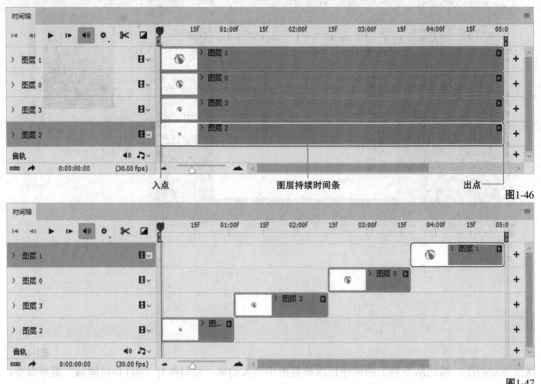

入点　　　　　　图层持续时间条　　　　　　出点

图1-46

图1-47

执行"文件>导出>存储为Web所用格式"菜单命令，在打开的"存储为Web所用格式"对话框中单击"存储"按钮 存储... ，选择存储路径后完成GIF的保存，如图1-48所示。导出的GIF和通过After Effects制作出来的动画一样，如图1-49所示。

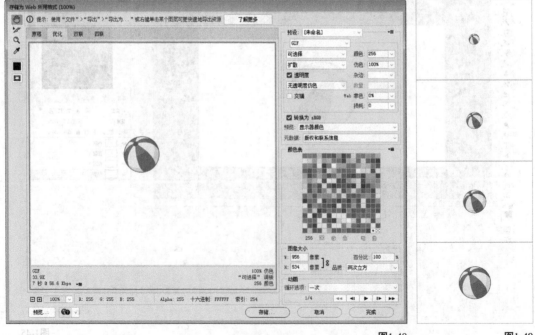

图1-48　　　　　　　　　　　图1-49

第2章

MG动画的制作流程

MG动画的制作从创建项目合成开始。项目是一个文件，用于存储合成及管理该项目中所使用的全部源文件；合成是图层的集合（组织大量的素材，制作丰富的效果），也就是要制作的视频的框架。简单的项目可能只包括一个合成，复杂的项目可能包括数百个合成。要想制作一个完整的MG动画，我们就要灵活地运用其中的素材，并使其产生运动。

课堂学习目标

● 掌握素材的导入方法
● 掌握素材的运动方法
● 掌握视频的渲染方法
● 认识图层的作用

2.1 创建项目合成

当我们打开After Effects后,软件中只显示了一个空界面,其中没有可被操作的内容,也有很多功能未被激活。当我们新建了项目合成后,所有的功能便能在这个合成中使用了。

本节内容介绍

名称	作用	重要程度
项目设置	对项目的工作环境进行预设置	高
创建合成	在合成中工作	高

2.1.1 项目设置

在新建项目合成前,有必要对项目的工作环境进行预设置,以便达到我们想要的效果,使工作更顺畅地进行下去。执行"文件>项目设置"菜单命令,如图2-1所示,即可打开"项目设置"对话框。

图2-1

1.视频渲染和效果

在"视频渲染和效果"选项卡中,可选择是否使用Mercury GPU加速渲染,如图2-2所示。使用"Mercury GPU 加速(CUDA)"可以提升渲染的效果(如更好地展现细微的颜色差异),但是对计算机的显卡性能有一定的要求,一般制作MG动画时不要求设置。

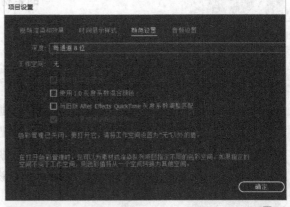

图2-2

2.时间显示样式

After Effects中的时间点或时间跨度是通过数值表示的,包括图层、素材项目和合成的当前时间,以及图层的入点、出点和持续时间。具体来说,数值化的时间显示方式分为时间码和帧数两种,可以在"时间显示样式"选项卡中进行选择,如图2-3所示。

图2-3

重要参数介绍

时间码:摄像机在记录图像信号时针对每一幅图像记录的时间编码。时间码为视频中的每一帧都分配了一个数字,用于表示小时、分钟、秒和帧数,如1:12:09:11代表第1小时第12分钟第9秒的第11帧。

帧数:代表了现在的画面为视频中的第多少帧。将帧数与时间或时间码进行换算时,需要考虑视频的帧率,即帧率越大,同样的帧数对应的时间越短,反之则越长。

3.颜色设置

"颜色设置"选项卡主要用于对色深进行设置,可设置为每通道8位、16位或32位。一般情况下制作动画时使用每通道8位的色深即可,如图2-4所示。在本书中也是以8位色深的RGB值为标准来表现颜色的参数。

图2-4

> **提示** 8位的色深代表每个颜色通道值的可选范围为0~(2^8-1),即0~255范围内,因此我们一般看到的颜色的RGB值都是0~255范围内的某个整数,即一共有1677万种颜色。同理,16位色深则代表着每个颜色通道值的可选范围在0~($2^{16}-1$)。但是32位色深的含义稍有不同,在After Effects中使用32位色深时,RGB值不再是整数,而是用0~1的小数表示,它其实也是1677万种颜色,不过它增加了256阶的灰度,为了方便称呼,就规定它为32位色。

4.音频设置

在"音频设置"选项卡中可以选择音频的采样率，如图2-5所示。采样率设置得越高，音频的质量越高。

图2-5

2.1.2 创建合成

每一个合成都有自己的时间轴，我们既可以通过运用图片、音频和视频等素材建立合成，又可以先建立一个空合成，再向其中添加素材。执行"合成>新建合成"菜单命令（快捷键为Ctrl+N），如图2-6所示，即可打开"合成设置"对话框。

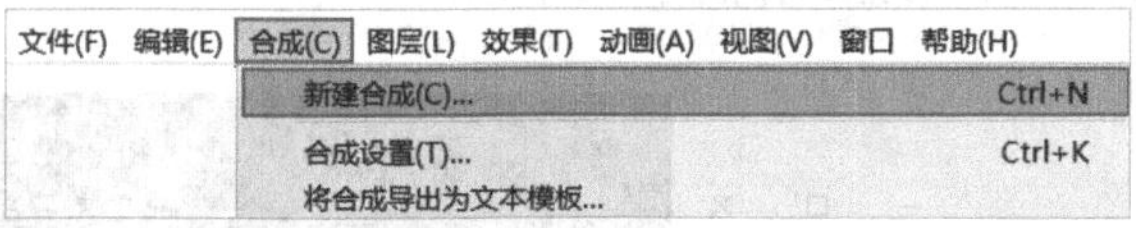

文件(F)	编辑(E)	合成(C)	图层(L)	效果(T)	动画(A)	视图(V)	窗口	帮助(H)
		新建合成(C)...						Ctrl+N
		合成设置(T)...						Ctrl+K
		将合成导出为文本模板...						

图2-6

创建合成时，主要对项目的尺寸、帧速率、分辨率、开始时间、持续时间和背景颜色等参数进行设置，如图2-7所示。当一个项目新建成功后，将被自动命名为"合成1"，若对合成的名称不满意，也可以在设置时对其进行更改。

图2-7

重要参数介绍

像素长宽比：指图像中一个像素的宽与高之比。

帧速率：每秒显示的帧数，一般保持默认设置即可。

开始时间码/帧数：表示视频开始的时间，即分配给合成的第一个帧的时间码或帧编号。

持续时间/帧数：视频的长度。

> **提示** 在After Effects中，一次只能打开一个项目文件。如果我们在打开一个项目时创建或打开其他项目，那么After Effects会提示我们保存项目中的更改，并在确认打开其他文件后将其关闭。不论我们是否要打开其他项目文件，我们都应该养成随时保存项目（快捷键为Ctrl+S）的习惯。

2.2 管理动画素材

素材是构成一部作品的基本元素，制作MG动画所需的素材通过"项目"面板进行管理，可被导入的素材包括音频、视频、图片（包括单张和序列）、Premiere及Photoshop文件等。After Effects支持导入大多数格式的媒体文件，涵盖了我们日常中使用到的几乎所有媒体格式。

本节内容介绍

名称	作用	重要程度
导入一张图像	导入图片	高
导入序列	导入图片序列	高
导入分层素材	导入图片或分层素材	高

2.2.1 导入一张图像

第1种方式：按常规方式导入。执行"文件>导入>文件"菜单命令（快捷键为Ctrl+I），如图2-8所示，即可打开"导入文件"对话框。

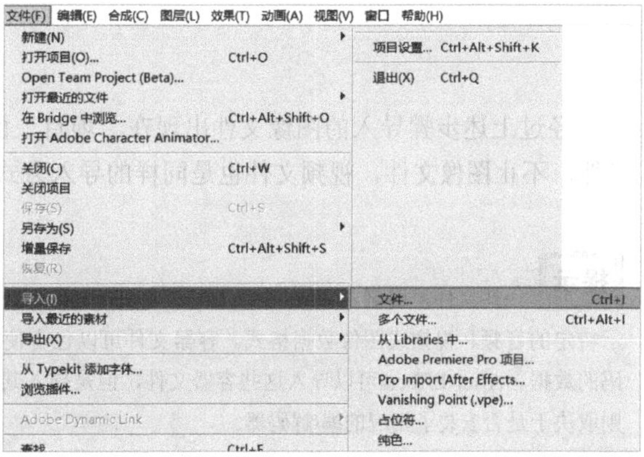

图2-8

第2种方式：双击导入。这是一种快捷的导入方式。双击"项目"面板中任意空白位置，如图2-9所示，即可打开"导入文件"对话框。在素材文件所在的路径中选择图像素材，单击"导入"按钮 **导入** 即可完成图像的导入，如图2-10所示。

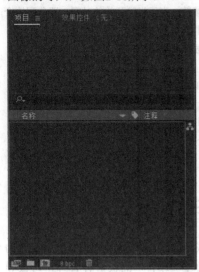

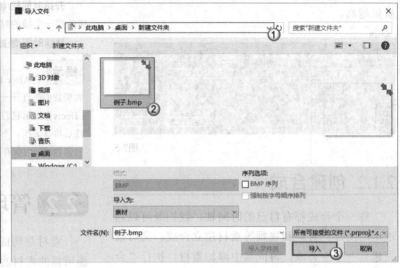

图2-9   图2-10

提示 按住Ctrl键、Shift键或以框选的方法选中所需素材后，单击"导入"按钮即可同时导入多个文件。

第3种方式：拖曳导入。从计算机的资源管理器中将目标素材拖曳到"项目"面板中的空白区域，如图2-11所示。这样可以直接导入素材，而不打开"导入文件"对话框。

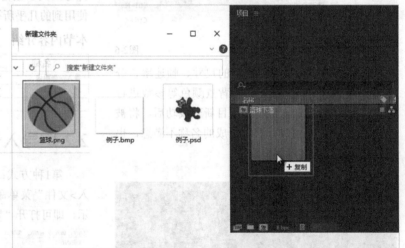

图2-11

经过上述步骤导入的图像文件出现在"项目"面板中，如图2-12所示。当然，不止图像文件，视频文件也是同样的导入方式。

提示 一些文件扩展名（如mov、avi、mxf、flv和f4v）表示容器文件格式，而不表示特定的音频、视频或图像数据格式。容器文件可以包含使用各种压缩和编码方案编码的数据。After Effects可以导入这些容器文件，但是导入其所包含的实际数据的数量则取决于是否安装了相应的编/解码器。

图2-12

2.2.2 导入序列

序列文件是指一组有序排列的图片文件，如逐帧存储的短视频。在导入序列文件时，按照常规方式打开"导入文件"对话框，在素材文件所在的路径中选中多个序列文件，然后勾选"序列选项"中的"PNG序列"选项（其他格式的图片则自动显示为相应格式的序列），单击"导入"按钮 导入 完成图片的导入，如图2-13所示。

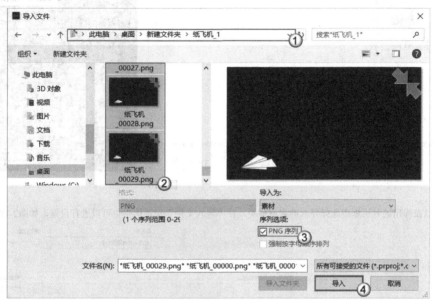

图2-13

经过上述步骤导入的序列文件出现在"项目"面板中，序列文件中的图片已经按照编号自动排列为时长为30f的素材，如图2-14所示。

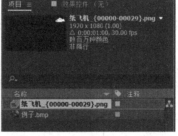

图2-14

2.2.3 导入分层素材

After Effects可以非常方便地调用Photoshop和Illustrator中的层文件，如PSD格式文件为Photoshop的自用格式，含有层次关系，可直接导入After Effects中并进行分层编辑。如图2-15所示，两个黑色方框分别属于不同的图层，下面以这两个分层素材为例说明不同的导入方式对后续工作的影响。

图2-15

按照常规方式打开"导入文件"对话框，选择扩展名为.psd的文件，单击"导入"按钮 导入 完成分层素材的导入，如图2-16所示。分层素材导入成功后，即可弹出图2-17所示的对话框，在其中选择一个合适的导入方案。

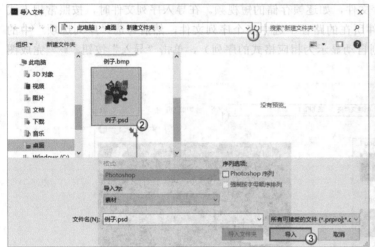

图2-16

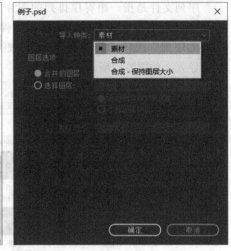

图2-17

提示 除了可以在弹出的对话框中选择导入的素材种类，在"导入文件"对话框中也可以进行设置，如图2-18所示。

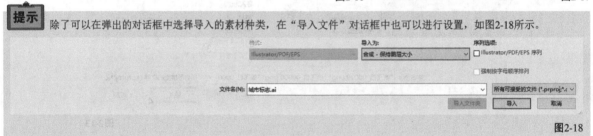

图2-18

1.作为素材导入

当"导入种类"为"素材"时，若选中"合并的图层"选项，那么PSD格式文件将作为一张图片导入，此时其他选项不可选择，单击"确定"按钮 确定 即可完成导入，如图2-19所示。

若勾选"选择图层"选项，那么只会导入PSD格式文件中的单一图层作为素材，接下来需要选择导入的图层（与层文件的命名有关），并确定是否需要保留Photoshop图层的一些属性，最后确定素材的尺寸，单击"确定"按钮 确定 完成导入，如图2-20所示。

图2-19

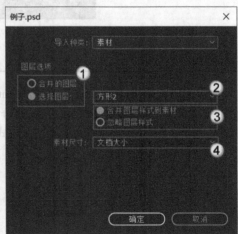

图2-20

重要参数介绍

选择图层： PSD文件中作为素材导入的图层名称。

合并图层样式到素材/忽略图层样式： 表示PSD文件的图层样式是否可以在After Effects中编辑。也就是说，合并图层样式到素材就是将PSD文件图层中的样式直接合并到图层上从而进行编辑，反之则不能在After Effects中编辑。

素材尺寸： 导入后的素材尺寸大小。

文档大小： 导入后的素材与PSD文件的大小一致。

图层大小： 导入后的素材与所选图层的大小一致。

2.作为合成导入

当"导入种类"为"合成"时，需要确定是否保留Photoshop图层的一些属性，然后单击"确定"按钮
完成导入，如图2-21所示。使用这种方式导入素材后，新增的合成文件出现在"项目"面板中，双击即可打开该合成，其中包含PSD格式文件中的所有图层，如图2-22所示。

图2-21

图2-22

当"导入种类"为"合成-保持图层大小"时，同样导入的是含有两个分层素材的合成文件。但是这种导入方式对图层的大小有限定条件，即当PSD格式文件的尺寸大于合成尺寸时将保持每一个图层原本的大小，否则会对原素材进行裁剪或根据合成尺寸进行调整，如图2-23所示。

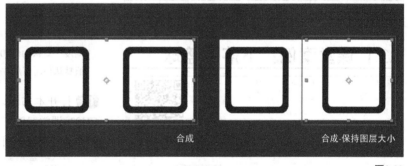

合成

合成-保持图层大小

图2-23

📖 知识点：替换素材

在实际工作中，我们会用到非常多的素材，随着工作的推进，还会不可避免地替换一些素材。如果重新导入素材制作动画，工作量会比较大；而如果只是替换单个素材，就能节省大量的时间。选中需要替换的素材文件，然后单击鼠标右键，在弹出的快捷菜单中选择"替换素材>文件"选项，如图2-24所示，即可在打开的"替换素材文件"对话框中重新选择素材。

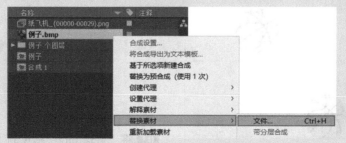

图2-24

2.3 让素材动起来

经过上述操作后，After Effects项目文件中导入了不同格式的素材，如图2-25所示。接下来我们就可以通过关键帧让其运动起来。

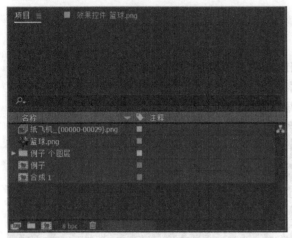

图2-25

本节内容介绍

名称	作用	重要程度
关键帧	记录影响动作的关键点	高
预览	播放动画	高

2.3.1 课堂案例：下落的篮球

素材位置	素材文件>CH02>课堂案例：下落的篮球	
实例位置	实例文件>CH02>课堂案例：下落的篮球	
在线视频	课堂案例：下落的篮球.mp4	
学习目标	了解素材是如何动起来的	

本例制作的动画静帧图如图2-26所示。

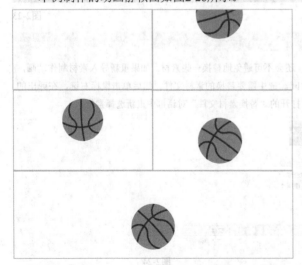

图2-26

01 按快捷键Ctrl+N打开"合成设置"对话框，设置"合成名称"为"篮球下落"，单击"确定"按钮 确定 创建合成，如图2-27所示。

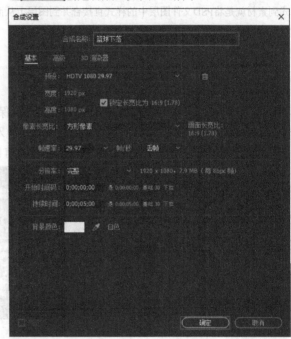

图2-27

提示 每次创建合成时，After Effects提供的"宽度"和"高度"默认为1920px和1080px。在本书中若无特殊操作，一般默认使用该尺寸来创建合成。

02 打开本书学习资源中的图片素材"素材文件>CH02>课堂案例：下落的篮球>篮球.png"，然后将其拖曳到"项目"面板中，如图2-28所示。

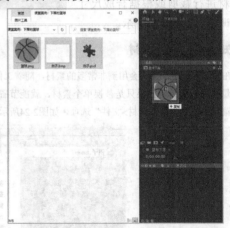

图2-28

03 将"篮球.png"拖曳到"篮球下落"合成中作为图片图层，如图2-29所示。

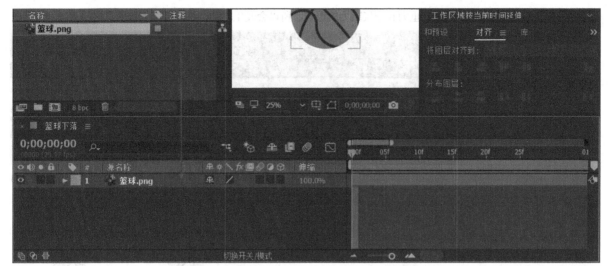

图2-29

04 选中"篮球.png"图层，单击▶按钮展开该图层的各项属性，将时间指示器移动到第0秒，如图2-30所示。

图2-30

05 单击"位置"和"旋转"属性左侧的秒表按钮⏱，激活这两个属性的关键帧。为了让篮球处于高处，使其不在画面内，还需要设置"位置"为（960，-300），如图2-31所示。

图2-31

06 制作篮球从高处下落的动画效果，应该保持篮球在水平方向上不变，只让其在垂直方向上运动，将时间指示器移动到第1秒，并设置"位置"为（960，780），如图2-32所示。

图2-32

07 篮球在下落的过程中同时受到重力和空气阻力的影响，所以会发生转动，我们可以大致模拟这种状态，使其在下落的时间段内旋转一周。在第1秒设置"旋转"的属性值为1x+0°，如图2-33所示。

图2-33

08 单击"播放"按钮，观看制作好的篮球下落动画，该动画的静帧图如图2-34所示。

图2-34

2.3.2 关键帧

"时间轴"面板的右侧就是专门制作关键帧的地方。在"项目"面板中双击"合成1"（该合成中没有内容），然后将素材"篮球.png"拖曳到"时间轴"面板或"合成"面板中，这时可以看到素材的合成预览图，如图2-35所示。

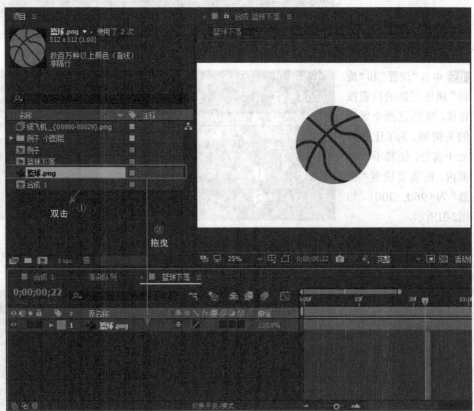

提示 "项目"面板和"时间轴"面板中的合成图标都可以双击，可在"合成"面板中打开该合成页面，调整该合成中的元素。"合成"面板支持多个合成的显示，类似于在浏览器中打开多个页面。

图2-35

激活关键帧

关键帧是物体动起来的一个记录标志（其实就是物体运动变化的记录），如记录一个物体的位置发生的变化。怎样真正地让这个物体发生变化呢？那就需要设置关键帧。注意，设置关键帧时，必须存在动画开始和结束这两个关键帧，即在原始的位置设置一个关键帧，在落点的位置设置一个关键帧。

建立关键帧可以对图层的不同属性建立动画。选中要建立关键帧的图层，并打开要建立的关键帧属性。连续单击▶按钮可以展开图层中的各项属性。在After Effects中，关键帧的记录标记为秒表◎，这个按钮控制着关键帧的开关（每一个属性都具有的内容），如图2-36所示。

图2-36

单击某一属性左侧的秒表按钮◎，当秒表内有指针◎显示时表示秒表被打开，同时时间指示器所对应的时间点将自动添加该属性的关键帧，表示该属性的关键帧已经被激活，关键帧的值就是该属性的值，如图2-37所示。

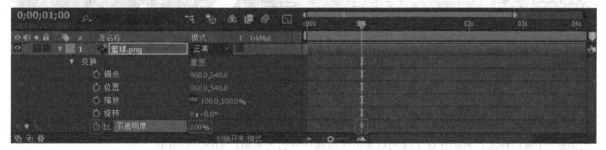

图2-37

在属性关键帧已经被激活的情况下，当时间指示器所处的位置没有关键帧时，若更改属性值，那么在相应的时间点也会自动建立对应该属性值的关键帧，如图2-38所示。

图2-38

激活关键帧后，属性的左侧会出现一个按钮，该按钮用于控制关键帧的添加和删除。当按钮呈空心状态◀时，表示该属性在时间指示器的对应时刻无关键帧，此时单击该按钮可在时间指示器所在的位置添加当前属性值的关键帧，同时按钮会变为实心状态；当按钮呈实心状态时，表示该属性在时间指示器对应的时刻有关键帧，此时单击该按钮可删除在此位置的关键帧，同时按钮变为空心状态，如图2-39所示。

图2-39

> **提示** 使用After Effects中内置的效果可以快速改变矢量素材的外观，并能制作出流畅的动画。在"效果控件"面板中也可以为添加的效果设置关键帧。"效果控件"面板默认不会显示在界面中，需要在添加效果后打开（执行"效果>效果控件"菜单命令），这时"项目"面板区域会出现"效果控件"面板，如图2-40所示。同时该效果将应用于图层并添加到"时间轴"面板中，如图2-41所示。

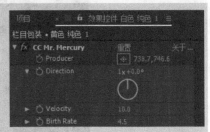

图2-40

图2-41

运行动画

将时间指示器移动到第0秒，单击"旋转"属性左侧的秒表按钮 即可创建一个起始关键帧，同时时间轴上出现一个菱形标志，表示在这个时间点激活了该属性值的关键帧，如图2-42所示。

图2-42

> **提示** 菱形标志代表在第0秒时为图层的"旋转"设置了一个关键帧，此时该属性值为0x + 0°。除了菱形关键帧，还有各种不同类型的关键帧，将在第3章进行介绍。

将时间指示器移动到第2秒，设置"旋转"属性值为0x+180°，即可创建一个终止关键帧，如图2-43所示。时间轴上出现了两个菱形标志，表示成功在这两个时间点建立了使物体发生旋转的关键帧，素材将在这一段时间内按照我们设置的参数运行动画，效果如图2-44所示。

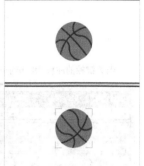

图2-43   图2-44

📖 知识点：添加标签

在制作动画时，我们可以通过添加标签对某一时间刻度进行标记，从而提醒自己在什么时间添加了什么图形或效果。按住鼠标左键并向左侧拖曳时间轴最右侧的"合成标记素材箱"图标，在标签移动到目标位置时松开鼠标，如图2-45所示，即可完成标签的添加。

按住该图标向左拖曳

图2-45

选中创建的标签，单击鼠标右键并选择"设置"选项，在打开的"合成标记"对话框中可以设置标签的时间、持续时间和注释等属性，如图2-46所示。

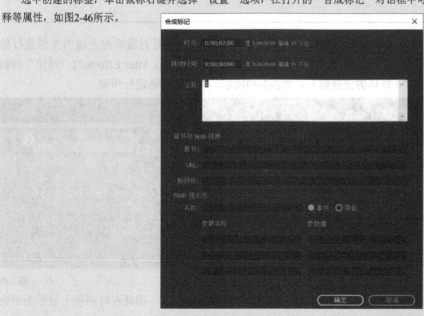

图2-46

若需要删除标签，可以将创建的标签拖曳回"合成标记素材箱"图标█，或选中创建的标签，单击鼠标右键并选择"删除此标记"选项，如图2-47所示。

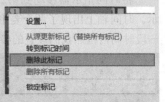

图2-47

当关键帧的注释为0~9的单个数字时，按对应的数字键，时间指示器会自动跳转到相应的标签处，如图2-48所示。

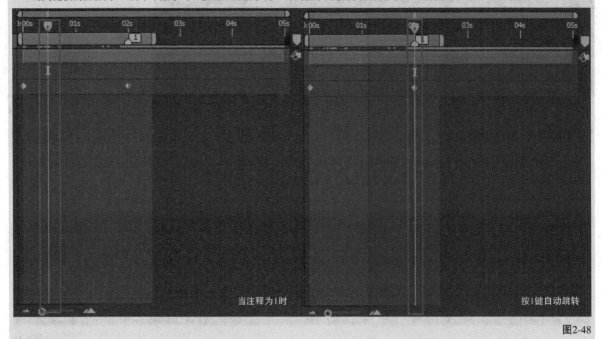

图2-48

2.3.3 预览

完成一部分视频的制作后，我们需要预览这部分视频的播放效果，确认是否需要对之前的工作进行修改。先调整工作区域，使工作区域的起止时间和想要预览的时间段相符，然后在After Effects的"预览"面板中单击"播放"按钮▶或按空格键（默认的快捷键），如图2-49所示，即可对动画进行预览。

图2-49

在预览动画的同时，时间指示器会向右侧滑动（随着时间的增加而移动），因此在时间轴上显示为绿色的时间段内，我们还可以通过拖曳时间指示器更加灵活地对动画进行预览，如图2-50所示。

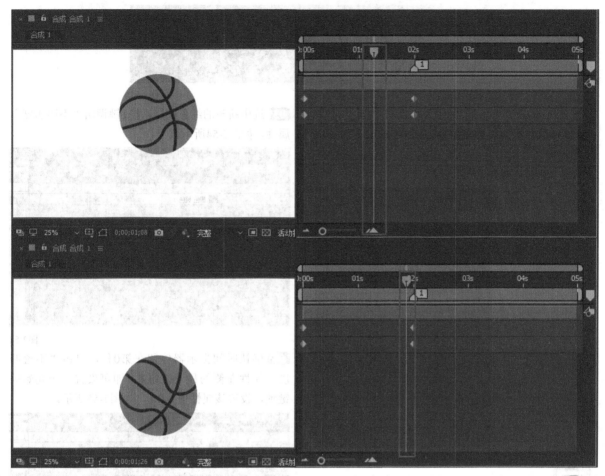

图2-50

2.4 用图层制作效果

After Effects的图层是视频合成的基本组成单元，了解图层的相关知识是使用After Effects制作MG动画的前提。通过对各类图层进行排列和叠加，我们可以在合成中实现各种炫酷的效果。

本节内容介绍

名称	作用	重要程度
图层种类	了解不同的素材图层	高
图层属性	改变图层的显示样式	高
父子关系	通过控制父图层，使子图层做出相同的变化	高
叠加模式	使图层产生特殊的叠加效果	高

2.4.1 课堂案例：昏暗效果动画

素材位置	素材文件>CH02>课堂案例：昏暗效果动画
实例位置	实例文件>CH02>课堂案例：昏暗效果动画
在线视频	课堂案例：昏暗效果动画.mp4
学习目标	了解图层对动画的影响

扫码观看视频

本例制作的动画静帧图如图2-51所示。

图2-51

01 导入本书学习资源中的图片素材"素材文件>CH03>课堂案例：昏暗效果动画>云岛.png"，并将其拖曳到"新建合成"按钮🔳上，即可新建一个"云岛"合成，如图2-52所示。

图2-52

提示 将图片素材拖曳到"新建合成"按钮🔳上可以不用设置项目合成的参数快速生成一个与原素材尺寸相同的合成，这种创建方式在不要求项目尺寸的情况下非常实用。

02 按快捷键Ctrl+Y新建一个纯色图层，并设置"颜色"为黑色，如图2-53所示。

图2-53

03 选中新建的纯色图层，按T键调出"不透明度"属性，如图2-54所示。

图2-54

04 确认时间指示器停留在第0秒，单击"不透明度"属性左侧的秒表按钮🕐，即可设置一个起始关键帧，设置该属性值为0%，如图2-55所示。

图2-55

05 将时间指示器移动到第2秒，设置"不透明度"为70%，即可设置一个终止关键帧，如图2-56所示。

图2-56

06 单击"播放"按钮![播放图标]，观看制作好的昏暗效果动画，该动画的静帧图如图2-57所示。

图2-57

📖 **知识点：改变图层的颜色标签**

　　单击图层左侧的"颜色标签"图标■，在弹出的菜单中选择图层的标签颜色，如图2-58所示。为有关联的图层设置同样的颜色标签，可以方便我们管理不同的图层。

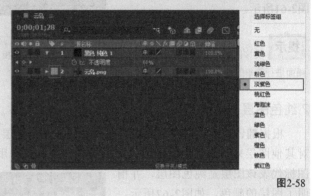

图2-58

2.4.2 图层种类

　　除了导入的素材图层，After Effects中的图层类型还有文本图层、纯色图层、灯光图层、摄像机图层、空对象、形状图层和调整图层等。常见的创建图层的方式有以下3种。

　　第1种方式：按常规方式创建。执行"图层>新建"菜单命令，子菜单中有文本、纯色和灯光等图层类型可供选择，选择其中的某一项可在当前打开的合成中新建图层。

　　第2种方式：在合成预览中创建。这是一种快捷的创建方式，在合成预览中的空白处单击鼠标右键，在弹出的快捷菜单中选择"新建"选项，同样有文本、纯色和灯光等图层类型可供选择，如图2-59所示。

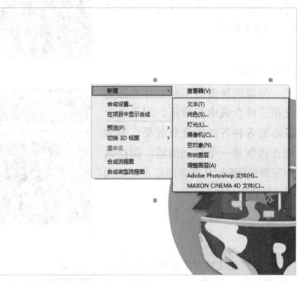

图2-59

📌 **提示** 在"合成"面板中的任意空白位置单击鼠标右键，也可以快速地添加对应类型的图层。除此之外，对于经常创建的图层类型，我们可以记住它们的快捷键，如创建纯色图层的快捷键为Ctrl+Y。

　　第3种方式：使用工具创建，如图2-60所示。使用形状工具组或钢笔工具组中的工具在合成预览中绘制，即可新建形状图层；使用文字工具组中的工具在合成预览中创建文字，即可创建文本图层。

![工具栏图标]

图2-60

1.文字图层

根据翻译的不同，文字图层又叫文本或文本图层。文字图层在After Effects中是文本标准形式，我们在After Effects中编辑的文本属性（如字体的大小、格式等）大部分以文字图层的形式存在。用常规方式创建一个文字图层，图层名称左侧的 图标代表该图层是文字图层，如图2-61所示。

图2-61

> **提示** 文字图层一般与"字符"面板一同使用，在"字符"面板中可以调整文字的字体、间距、颜色、字号等属性，用于对画面进行简单的图文排版，它的应用会在第7章进行详细的讲解。

2.纯色图层

根据翻译的不同，纯色图层又叫固态层。纯色图层是After Effects中最简单的图层，可设置的参数相对其他图层来说是最少的，因此使用起来较为方便。用常规方式创建一个纯色图层，图层名称左侧的 图标代表该图层是纯色图层，并指明了图层的颜色，如图2-62所示。一般来说，纯色图层多用于合成背景，通常放置在合成的最下面一层，或是作为一些生成类效果的载体，如CC闪电。

图2-62

3.灯光图层

与前两种图层不同，灯光图层仅在三维合成中起作用，用于给合成添加各种各样的光照效果。用常规方式创建一个灯光图层，图层名称左侧的 图标代表该图层是灯光图层，如图2-63所示。

图2-63

> **提示** 灯光图层有其特殊的属性，如建立灯光图层时将打开"灯光设置"对话框，如图2-64所示，可在其中设置灯光的类型、颜色、强度等属性，也可以在建立的灯光图层中对其属性参数进行设置。

图2-64

4.摄像机图层

摄像机图层与灯光图层相同，仅在三维合成中起作用。摄像机图层如其名字，是一个可以灵活设置参数和空间位置的拥有摄像机拍摄属性的图层，渲染输出的内容为模拟摄像机拍摄到的画面结果（无摄像机图层时，得到的是从正前方看到的结果）。用常规方式创建一个摄像机图层，图层名称左侧的■图标代表该图层是摄像机图层，如图2-65所示。

图2-65

5.空对象

空对象是非常特殊的一类图层，它本身不包含任何属性，也不会显示在合成输出的视频中。用常规方式创建一个空对象，该图层在合成预览中以一个小方框的形式显示，图层名称左侧的□图标代表该图层是空对象（和白色的纯色图层相同），如图2-66所示。虽然空对象看起来没有任何动画效果，它却是制作MG动画常用的图层之一。空对象常作为多个图层的父级，用以控制图层间的相对位置、大小等关系，后面将会介绍与空对象相关的用法。

图2-66

6.形状图层

形状图层是制作MG动画较为常用的图层，通过形状图层可以快速地建立方形、圆形和五角星等简单的形状，此外该图层还具有描边、中继器、扭曲等功能来实现一些复杂的动画效果。用常规方式创建一个矩形，图层名称左侧的★图标代表该图层是形状图层，如图2-67所示。关于形状图层的具体知识，将会在本书第5章进行系统的学习。

图2-67

7.调整图层

调整图层也称调节图层，它与空对象类似，不会显示在合成的输出图像上。调整图层本身只有一些简单的变换类属性，但作用于调整图层的效果还会作用于其下的所有图层。用常规方式创建一个调整图层，图层名称左侧的□图标代表该图层是调整图层（和白色的纯色图层相同），如图2-68所示。

图2-68

8.合成

合成本身也可以作为一个图层被添加到另外的合成中，这时作为图层的合成类似于一个视频素材，按照原本的持续时间和播放速度被添加到新合成中。用常规方式创建一个合成，图层名称左侧的■图标代表该图层是一个合成，如图2-69所示。

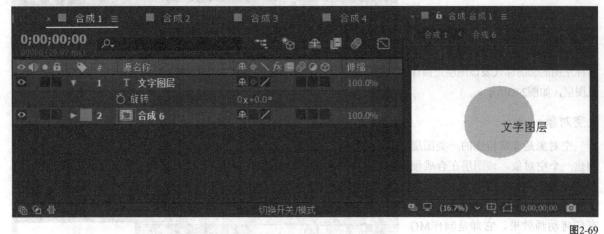

图2-69

2.4.3 图层属性

每一个图层都有关键帧属性，只有通过编辑关键帧属性值，我们才能对图层的显示样式进行明显的改变，制作出丰富的动态效果。

1.基本属性

每一个图层都有"锚点""位置""缩放""旋转""不透明度"属性，可见这是图层的通用属性，单击▶按钮即可看到图层的基本属性，如图2-70所示。

图2-70

锚点（快捷键为A）

"锚点"是图层运动的基准点，在调整图层的"位置""缩放""旋转"属性时，均以图层的锚点作为基准。类似瞄准点形状的图标就是选中图层时的锚点。一般来说，将锚点放置在图层形状的中心或边角点更便于动画的制作。在需要改变锚点的位置时，一般不直接更改锚点的属性值，而是使用"锚点工具"■在合成预览中将锚点拖曳到合适的位置，如图2-71所示。

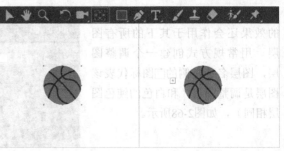

图2-71

位置（快捷键为P）

"位置"所显示的坐标表示图层在合成中所处的位置，如图2-72所示。属性值中的第1个值代表x坐标，代表图层在水平方向上的位置，该值越大图层越靠向右侧；属性值中的第2个值代表y坐标，代表图层在竖直方向上的位置，该值越大图层越靠向下方。

图2-72

提示　如果要分别对图层的水平和竖直方向上的位置进行改动，那么可以在"位置"属性处单击鼠标右键并选择"单独尺寸"选项，即可将其拆分为"X位置"和"Y位置"两个属性，如图2-73所示。

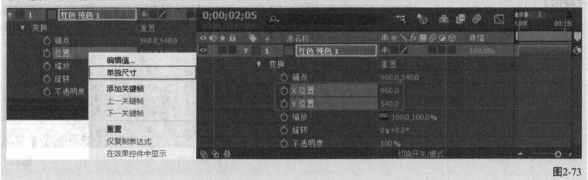

图2-73

缩放（快捷键为S）

"缩放"所显示的值为图层当前的放大倍数，如图2-74所示。当属性值前的"约束比例"按钮被激活时，图层将进行等比例缩放，修改其中一个数值，另一个数值也会更改为相应的数值，因此图层的形状不会发生改变。单击"约束比例"按钮，水平方向和竖直方向上的比例约束将被解除，可仅对其中的一个值进行修改，让图层变扁或变宽。

图2-74

旋转（快捷键为R）

"旋转"所显示的值为图层旋转的角度和周期，如图2-75所示。当该值为正数时，图层顺时针旋转；当该值为负数时，图层逆时针旋转。

图2-75

不透明度（快捷键为T）

　　"不透明度"所显示的值代表图层的显示程度，如图2-76所示。与我们常规说的透明度相反，不透明度越低，图像越接近全透明。

图2-76

> **提示**　当图层的数量较多时，将每个图层的所有属性都展开会使面板变得杂乱，这样不利于工作的开展，通过快捷键可以调出我们需要编辑的某一个属性，如图2-77所示。另外，按U键可以调出被激活的所有关键帧。

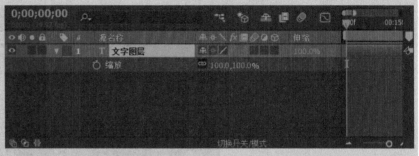

图2-77

2.图层的排列顺序

　　图层的排列顺序决定了每个图层之间的遮挡关系，#符号下的数字即为图层在合成中的顺序，序号最小的图层显示在顶层，序号最大的图层则在底层，如图2-78所示。

图2-78

> **提示**　当我们需要更改图层的顺序时，常用的方法是选中（单选或多选）目标图层后将其拖曳至目标次序。更方便的做法是使用快捷键，如使图层向上一层的快捷键为Ctrl+]，使图层向下一层的快捷键为Ctrl+[，使图层向上至顶层的快捷键为Ctrl+Shift+]，使图层向下至底层的快捷键为Ctrl+Shift+[。

3.对齐和分布图层

　　当我们需要将多个图层进行对齐或分布时，直接编辑各个图层的位置属性会十分麻烦，这时我们需要使用After Effects自带的对齐和分布功能。执行"窗口>对齐"菜单命令，打开"对齐"面板，如图2-79所示。第1排按钮控制图层相对于选区（合成）进行对齐，第2排按钮控制图层相对于选区（合成）进行排列。

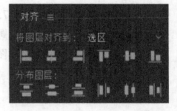

图2-79

重要参数介绍

左对齐■：图层按照各自的左边缘靠左对齐，如图2-80所示。当选择将图层对齐到合成时，所选图层则对齐到合成的左边缘。

图2-80

水平对齐■：图层按照各自的中心点居中对齐，如图2-81所示，对齐后的水平位置为各图层x坐标的平均值。当选择将图层对齐到合成时，所选图层会对齐到合成的水平中心。

图2-81

右对齐■：图层按照各自的右边缘靠右对齐，如图2-82所示。当选择将图层对齐到合成时，所选图层会对齐到合成的右边缘。

图2-82

按顶分布■：以各图层中最高的上边缘为顶、以最低的上边缘为底，按照各自的上边缘等距排列，如图2-83所示。

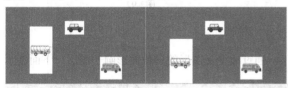

图2-83

垂直均匀分布■：以各图层中最高的中心为顶、最低的中心为底，按照各自的中心等距排列，如图2-84所示。

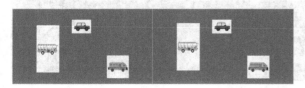

图2-84

按底分布■：以各图层中最高的下边缘为顶、最低的下边缘为底，按照各自的下边缘等距排列，如图2-85所示。

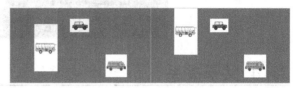

图2-85

提示 排列类选项只有在选中多个图层时才能够使用，对齐类选项可以作用于单个图层。当仅选择一个图层时，After Effects会选择基于合成进行对齐。

4.提升和提取工作区域

提升和提取工作区域功能可以通过工作区域（时间标尺）的位置来修剪图层持续时间条。工作区域的右键快捷菜单中有3种修剪方式，如图2-86所示。这3种操作都只对选中的图层起作用，未选中任何图层时等效为全选所有图层。

图2-86

重要参数介绍

提升工作区域：删除所选图层在工作区域内的部分，剩余部分会被分为两个新的图层，如图2-87所示。

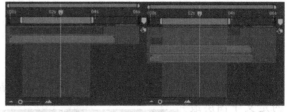

图2-87

提取工作区域：删除所选图层在工作区域内的部分，并将生成的新图层靠紧，如图2-88所示。

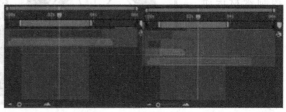

图2-88

将合成修剪至工作区域：工作区域部分之外的图层将被裁剪，合成将被设置为工作区域的长度，如图2-89所示。

图2-89

2.4.4 父子关系

本节介绍一种制作MG动画时比较实用的操作，即为图层建立父子关系，该操作可以大幅度减少工作量，并使动画参数的调整变得更加方便。在现实生活中，孩子会学习父母的行为，采取与父母相似的行动，After Effects中的父子图层和现实中的父子关系非常类似。控制父图层，可以使子图层做出相同的变化，如当父图层顺时针旋转180°时，子图层也会以父图层的锚点为基准顺时针旋转180°。与现实中的父子关系相同，一个父图层可以有多个子图层，但是一个子图层只有一个父图层，父图层也能有自己的父图层。

1.建立父子图层

建立父子图层有两种方法：一种是在下拉列表中选择作为父级的图层，如图2-90所示；另一种是按住螺旋按钮，然后将其拖曳至目标图层（父图层），如图2-91所示。

图2-90

图2-91

 提示 在使用上述任何一种方法添加父图层时按住Shift键，可让子图层移动到与父图层相同的位置，如图2-92所示。

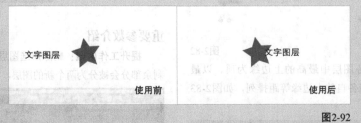

图2-92

2.父子图层的应用

父子图层的应用主要为在不改变子图层参数的情况下，通过改变父图层的参数而影响子图层。下面展示的是父子图层最简单的应用，即通过设置空对象控制素材运动。用常规方式创建一个空对象，这时两个图层的中心点均在合成的中心，如图2-93所示。

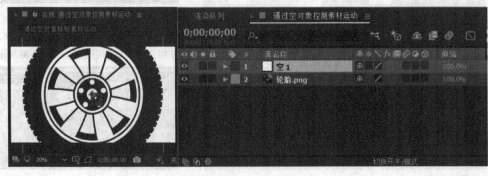

图2-93

在图示区域①的任意一处单击鼠标右键，然后选择"列数>父级"选项开启父级属性列，再次单击鼠标右键，选择"列数>伸缩"选项关闭伸缩属性列，如图2-94所示。

图2-94

将空对象设置为"轮胎.png"图层的父图层，然后将时间指示器移动到第0秒，接着按R键调出空对象的"旋转"属性，并单击左侧的秒表按钮设置一个起始关键帧，如图2-95所示。将时间指示器移动到第4秒，设置"旋转"属性值为0x + 180°，完成终止关键帧的设置，如图2-96所示。

图2-95

图2-96

该动画的静帧图如图2-97所示，可以看出我们并未直接设置轮胎的"旋转"关键帧，但由于其父图层（空对象）在旋转，轮胎也随之发生了旋转。

图2-97

📖 知识点：建立空对象作为父图层的作用

仅通过上述应用的演示我们可能会认为将空对象设置为父图层是无用的工作，其实不然。在实际的MG动画制作工作中会涉及非常多的图层，不同的图层有各自的运动模式，因此难以管理或编辑。此时通过建立空对象并将其作为父图层，可以将空对象作为一批图层的参数设置器，批量设置图层的动作。另外，空对象本身不会显示在合成预览中，也不会干扰其他部分动画的制作和预览。

2.4.5 叠加模式

前面提到过，各个图层之间具有层级关系，序号小的图层位于上层，序号大的图层位于下层，上层将会遮盖下层，那么是否意味着被非透明图层遮盖的图层永远不会显示在视频中呢？答案是否定的。事实上，上下图层之间可以通过计算产生特殊的叠加效果，这就是图层的叠加模式。

1.图层的叠加原理

图像是由若干个像素组成的（矢量图除外）。在进行图层叠加时，除图层本身的像素外，根据选择的叠加模式的不同，图层最终显示的像素颜色值也会不同。对彩色图片来说，每一个像素由红色通道R、绿色通道G和蓝色通道B共3个通道组成（某些格式的图片还包括透明度通道A），通道值越大，对应的颜色越明亮，如白色的RGB值是（R:255，G:255，B:255），红色的RGB值是（R:255，G:0，B:0），黑色的RGB值是（R:0，G:0，B:0）。每一种叠加模式都有其对应的计算公式，甚至某些叠加模式的计算公式非常复杂，如变暗模式会对两个图层的RGB值进行比较，取两者中较低的值混合成最终的颜色，制作成变暗的效果。

2.图层的叠加模式

叠加模式能够使图层之间产生混合效果，除"正常"模式之外还有数十种叠加模式。我们以"橙色"和"褐色"两个纯色图层的叠加为例，介绍3种常用的图层叠加模式。

溶解

当"橙色"图层的叠加模式为"溶解"时，将"不透明度"设置为50%，可以看到两个图层叠加后的效果，如图2-98所示。"溶解"模式产生的像素颜色来源于上下图层中的颜色经混合后得到的随机置换值，即上一个图层的颜色随机地分布在下一个图层上，呈现出一种特殊的质感。图层叠加后呈现的效果与像素的不透明度有关，通过改变不透明度，可以调节上一个图层颜色出现的密度。不透明度越高，上一个图层的颜色就越密，当"不透明度"为100%时，"溶解"模式等同于"正常"模式。

图2-98

相加

"相加"模式是将上层图层底色与下层颜色相加，得到更为明亮的颜色。图层下层颜色为纯黑色时则叠加效果为底色颜色，为纯白色时则叠加效果为白色。对样例采取"相加"模式与"正常"模式的对比如图2-99所示。

图2-99

差值

　　"差值"模式是将混合图层的对应像素（RGB值）中的每一个值分别进行比较，用高值减去低值后得到的像素值作为合成后的颜色。因此，图层与黑色混合时不会发生任何变化，与白色混合则可以产生一种反相效果。对样例采取差值模式与正常模式的对比如图2-100所示。

图2-100

提示 在日常工作中，没有必要记住每一种叠加模式的效果和原理，只需要记住"溶解""相加"等常用叠加模式的效果。在实际的制作过程中，我们也可以在选中图层后按快捷键Shift++或Shift+-尝试不同的叠加效果，以便选择理想的效果。

2.5 渲染为可播放格式

　　在After Effects中完成一系列的制作后，还需要通过渲染将制作的动画导出为播放器支持的视频格式，如MOV和AVI等。

本节内容介绍

名称	作用	重要程度
添加渲染队列	渲染或批量渲染	高
调整输出参数	选择导出格式	高

2.5.1 课堂案例：输出MOV格式视频

素材位置	素材文件>CH02>课堂案例：输出MOV格式视频
实例位置	实例文件>CH02>课堂案例：输出MOV格式视频
在线视频	课堂案例：输出MOV格式视频.mp4
学习目标	掌握视频渲染方法及常规参数的设置方法

扫码观看视频

　　输出的文件如图2-101所示。

图2-101

01 导入本书学习资源中的视频素材"实例文件>CH02>课堂案例：输出MOV格式视频"，执行"合成>添加到渲染队列"菜单命令，打开"渲染队列"面板，这时合成已经自动添加到"渲染队列"面板中了，如图2-102所示。

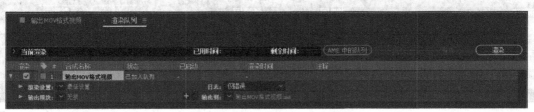

图2-102

02 单击"输出模块"后的蓝色高亮文字，在打开的"输出模块设置"对话框中，设置"格式"为"QuickTime"，单击"确定"按钮，如图2-103所示。

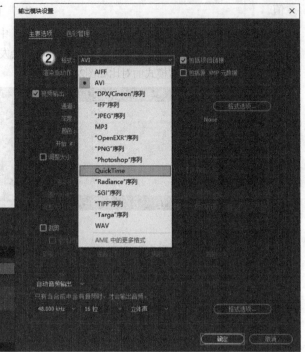

图2-103

03 单击"输出到"后的蓝色高亮文字，如图2-104所示，选择输出视频的存储位置后保存即可。

图2-104

04 单击"渲染"按钮，如图2-105所示，等待渲染进程结束后完成渲染的输出，如图2-106所示。

图2-105

图2-106

05 完成渲染后，在对应的存储路径中可以看到导出的MOV格式的视频，如图2-107所示。

图2-107

2.5.2 添加渲染队列

在渲染视频之前，需要先确认工作区域的起止时间和想要导出的时间段相符。执行"合成>添加到渲染队列"菜单命令（快捷键为Ctrl+M），如图2-108所示，即可将视频添加到渲染队列。

在打开的"渲染队列"面板中可以看到"合成1"被添加到渲染队列中，如图2-109所示。另外，After Effects还支持将多个合成项目加入渲染任务，按照各自的渲染设置和在队列中的上下顺序进行渲染。这样我们就可以事先安排好需要渲染的任务。

图2-108

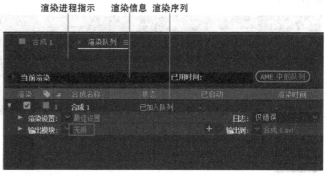

图2-109

重要参数介绍

渲染信息： 显示在渲染过程中的内存消耗、渲染时间等信息。

渲染进程指示： 显示渲染的进度。

渲染序列： 每一个需要渲染的合成项目都在此排队，等候渲染。通过拖曳渲染任务，可重新为它们排序，或选择其中一个任务，按Delete键取消该项目的渲染任务。单击"渲染"按钮，即可开始进行渲染处理。

2.5.3 调整输出参数

单击"输出模块"后的高亮文字，打开"输出模块设置"对话框，一般选择"格式"为AVI，其他参数为默认值，单击"确定"按钮 完成参数的设置，如图2-110所示。

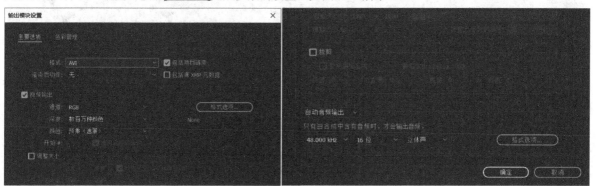

图2-110

重要参数介绍

格式：导出的文件格式，如图2-111所示。

通道：可选择RGB、RGB+Alpha和Alpha，分别对应RGB、RGB和透明度、仅有透明度3种模式。

深度：导出时的视频颜色深度。

调整大小：在渲染导出时更改视频文件的长宽。

裁剪：只导出裁剪一部分后的视频。

> 📖 **知识点：项目/合成/图层的关系**
>
> 在"输出模块设置"对话框中设置"格式"为"PNG序列"，可以将视频输出为连续的静帧图像。如果想要导出MP4格式，那么就需要通过其他插件进行处理，或导出为MOV格式后通过其他软件进行格式的转换。

图2-111

单击"输出到"后的文字，如图2-112所示，可在打开的"输出位置"对话框中选择保存的路径对其进行保存。

图2-112

2.6 课堂练习

为了让读者对MG动画的制作流程有一个基本的认识，这里准备了两个练习供读者学习，如有不明白的地方可以观看教学视频。

2.6.1 课堂练习：气球上升动画

素材位置	素材文件>CH02>课堂练习：气球上升动画
实例位置	实例文件>CH02>课堂练习：气球上升动画
在线视频	课堂练习：气球上升动画.mp4
学习目标	尝试制作简单的MG动画

本例制作的动画静帧图如图2-113所示。

图2-113

01 创建一个合成，并将其命名为"气球上升"。导入本书学习资源中的图片素材"素材文件>CH02>课堂练习：气球上升动画>气球人.ai"，并将其拖曳到合成中，如图2-114所示。

图2-114

02 按快捷键Ctrl+Y创建一个纯色图层，并设置"颜色"为绿色（R:106，G:219，B:164），然后将纯色图层放置在底层，作为合成的背景，如图2-115所示。

图2-115

03 选中"气球人.ai"图层，将时间指示器移动到第0秒，然后按P键调出"位置"属性，单击左侧的秒表按钮 激活其关键帧，并设置该属性值为（960,540），如图2-116所示。

图2-116

04 将时间指示器移动到第2秒，并设置"位置"为（960,148），如图2-117所示。

图2-117

05 单击"播放"按钮 ，观看制作好的气球上升动画，该动画的静帧图如图2-118所示。

图2-118

2.6.2 课堂练习：旧电视故障效果动画

素材位置	素材文件>CH02>课堂练习：旧电视故障效果动画
实例位置	实例文件>CH02>课堂练习：旧电视故障效果动画
在线视频	课堂练习：旧电视故障效果动画.mp4
学习目标	通过叠加图层制作特殊效果

本例制作的动画静帧图如图2-119所示。

图2-119

01 创建一个合成，并将其命名为"旧电视"。导入本书学习资源中的素材"素材文件>CH02>课堂练习：旧电视故障效果动画>电视.png、信号不良.avi"，并将两个素材拖曳入新建立的合成中，如图2-120所示。

图2-120

02 选中"信号不良.avi"图层，按S键调出"缩放"属性，并设置该属性值为（37%,37%），如图2-121所示。

图2-121

57

03 选中"信号不良.avi"图层，然后在"合成"面板中拖曳该图案，使其覆盖在电视屏幕上，如图2-122所示。

04 在"时间轴"面板上方的属性栏中单击鼠标右键并选择"列数>模式"选项，显示图层的叠加模式属性，如图2-123所示。

05 设置"信号不良.avi"图层的叠加模式为"相加"，如图2-124所示。

图2-122

图2-123

图2-124

06 单击"播放"按钮▶，观看制作好的旧电视动画，该动画的静帧图如图2-125所示。

图2-125

2.7 课后习题

为了巩固前面学习的知识，下面安排两个习题供读者课后练习。

2.7.1 课后习题：放大Logo动画

素材位置	素材文件>CH02>课后习题：放大Logo动画
实例位置	实例文件>CH02>课后习题：放大Logo动画
在线视频	课后习题：放大Logo动画.mp4
学习目标	熟悉MG动画的制作流程

扫码观看视频

本例制作的动画静帧图如图2-126所示。读者需要对"缩放"属性添加关键帧。

图2-126

2.7.2 课后习题：聚光灯动画

素材位置	素材文件>CH02>课后习题：聚光灯动画
实例位置	实例文件>CH02>课后习题：聚光灯动画
在线视频	课后习题：聚光灯动画.mp4
学习目标	熟悉MG动画的制作流程

扫码观看视频

本例制作的动画静帧图如图2-127所示。读者需要对"位置"属性添加关键帧，并为图层添加"相加"叠加模式。

图2-127

第3章

关键帧动画

在不同的时间点对各个元素赋予不同的属性值，可初步让这些元素产生"动"的效果。通过对关键帧进行有序的排列，还能使动画产生律动感，为原本单调乏味的画面添加一丝生趣。这就需要我们设计好关键帧画面和对时间轴的用法有更加深入的理解。此外，借助"图表编辑器"功能，我们还可以更加直观地调节元素的运动曲线，制作一些复杂的动画。

课堂学习目标

- 理解时间轴对关键帧的影响
- 掌握关键帧的用法
- 了解Photoshop在MG动画中的作用
- 掌握图表编辑器的用法

3.1 时间与关键帧

时间轴可以让图层在时间维度上的变化变得可视化，方便我们对图层的效果进行调整。时间轴上有两个对动画律动起到非常重要的作用的因素，那就是时间和关键帧。时间可以让属性值在一定范围内运行，关键帧可以在既定的时间内设计并补充画面。巧妙地结合两者可以让动画的运动更加多样化。

本节内容介绍

名称	作用	重要程度
时间的概念	认识与时间相关的属性	高
关键帧的概念	认识关键帧的补间作用	高

3.1.1 时间的概念

通过时间轴，我们可以同时看到图层在不同时间发生的属性变化，其中时间是指合成的运行时间、图层的时间属性和时间范围。了解了After Effects中的时间概念，我们就能明白画面的切换原理，让画面衔接得更加流畅。

运行时间

运行时间指的是时间指示器所在位置的时间。每一个图层都会对应一条图层持续时间条，位于时间标尺的下方。通过移动时间标尺上的时间指示器，我们既可以在时间码中看到当前时间在整段时间中的位置和占比，又可以在"时间轴"面板的左上方看到当前时间的具体数值（也就是时间码），如图3-1所示。

图3-1

> **提示** 时间码既可以秒数的形式显示，又可以帧数的形式显示，同时时间导航器上的显示方式也会发生相应的变化。按住Ctrl键并单击时间数值可以实现这两种显示模式的切换，如图3-2所示。

图3-2

图层的时间

图层的时间包括图层的时间起点、时间终点和持续时间等属性，这些属性决定图层在视频中何时出现、何时消失，以及以什么样的方式播放。

在图层持续时间条中，首端表示该图层的开始时间，尾端表示该图层的结束时间，两者相减即为持续时间。如图3-3所示，图层的开始时间是第0秒（即图层的进入点），结束时间是第5秒（即图层的输出点），可见该图层上的动画持续了5s。

图3-3

提示 在图层属性的列名处单击鼠标右键，可以在"列数"子菜单中选择"入""出""持续时间"选项，直接对相关属性进行调整，如图3-4所示。

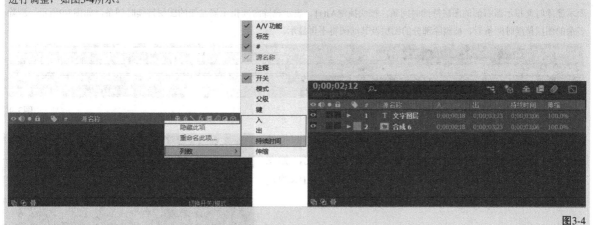

图3-4

图层持续时间条以一个长条来显示，首尾两端均可拖曳，即在整体上改变图层的入点和出点的位置，以便调整当前图层的持续时间，此时图层不会发生变化，如图3-5所示。将鼠标指针放在图层持续时间条的首端或尾端，待出现双箭头标志时拖曳可更改图层的开始时间或结束时间，但是这样并不会改变图层原本的播放速度，而是延长或缩短图层的播放时间，如图3-6所示。

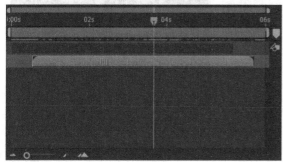

图3-5

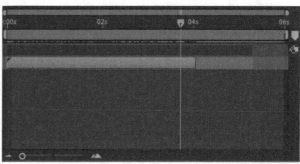

图3-6

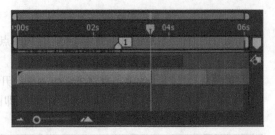

在上述两种操作过程中，按住Shift键并拖曳图层的首端或尾端，可使其自动吸附到附近的特殊时刻（包括时间指示器、标记及其他图层的起止时刻）。如图3-7所示，移动时图层输出点自动吸附到了时间指示器所在的时刻，这一操作在需要精准控制图层的时间时十分有用。

图3-7

📖 **知识点：使元素在出场时有先后顺序**

通过拖曳对应图层上的持续时间条，可以调整每个图层出现的先后顺序，如图3-8所示。

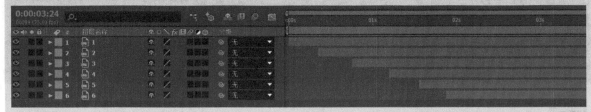

图3-8

通过删除多余的图层持续时间条，也可以调整每个图层出现的先后顺序。将时间指示器放到图层承接处，按快捷键Alt+]，表示删除时间指示器右侧的图层持续时间条；按快捷键Alt+[，表示删除时间指示器左侧的图层持续时间条，如图3-9所示。删除多余的图层持续时间条后，被删除部分的图层及其动画将不再显示。

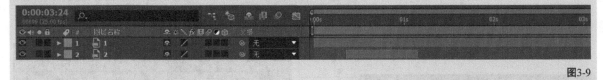

图3-9

"伸缩"列下的百分比为图层的时间伸缩数值（即拉伸因数），指图层在合成中的时长在原本时长中的占比，如图3-10所示。当伸缩值为50%时，表示一段时长原本为10s的视频在合成中只持续了5s。

图3-10

提示 在图层名称或图层持续时间条处单击鼠标右键并选择"时间>时间伸缩"选项，可以更准确地编辑图层的时间伸缩属性。在编辑时可以按照"拉伸因数"或"新持续时间"来设置时间伸缩。无论调整哪一个选项，After Effects都会自动计算出另一项的数值。同时，在对话框的下方可以选择将"图层进入点""当前帧"或"图层输出点"作为定格的基准点，如图3-11所示。

图3-11

时间范围

　　时间码的上方是时间导航器，它起到调整时间跨度的作用，首尾两端可以拖曳（按住Alt键并滚动鼠标滚轮也可以达到同样的目的）；时间码的底部是时间标尺，它起到调整合成的显示时间范围的作用，首尾两端同样可以拖曳。拖曳时间导航器时，时间标尺的长度也会对应发生变化，但是时间标尺所显示的时间范围不会发生变化，如图3-12所示。

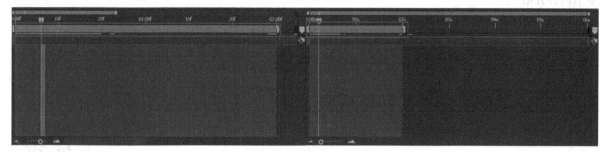

图3-12

3.1.2 关键帧的概念

　　关键帧的概念来源于传统的动画项目，项目负责人完成人物的关键动作，其他动画师完成中间帧，由负责人完成的可以指导其他人绘画的画面就是关键帧。在After Effects中也是如此，与众多动画软件的动画帧相比，After Effects进行了较大程度的优化。我们不需要完成所有画面的制作，只需要对关键性的画面进行设计，After Effects会自动计算出剩余的画面。在计算机动画术语中，设计的关键画面就是关键帧，软件自动补充生成的画面叫作过渡帧或中间帧。

　　第1点，在工作效率上，两个关键帧之间能自动补齐中间动画，从而减少工作量，提高工作效率。

　　第2点，在动画的流畅度上，缓动关键帧可以让动画的节奏感更舒适。

　　第3点，在动效的多样化上，图层不再仅有简单的位移、旋转和缩放等关键帧属性。对非矢量素材来说，图层的属性中包含"锚点""位置""缩放""旋转""不透明度"5种基本的变换属性，如图3-13所示。

图3-13

　　对矢量素材来说，图层属性除了基本的变换属性，还包含"形状路径""描边""填充""变换：形状"4种形状属性，如图3-14所示。

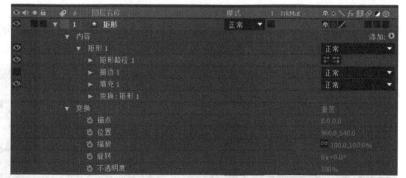

图3-14

提示 矢量素材是指在After Effects中用形状工具或钢笔类工具绘制的图形（不包括使用其他软件导入的矢量文件），形状属性将在第5章进行详细的讲解。

3.2 关键帧的编辑

第2章大致介绍了关键帧的使用方法，关键帧指的是在不同的时间点对对象属性进行变化的画面，现在我们又知道了时间点间的画面变化是由计算机来完成的。下面我们就来学习如何通过编辑关键帧来实现画面的设计。

本节内容介绍

名称	作用	重要程度
选择关键帧	选择多个关键帧	高
编辑关键帧	改变关键帧的数值和位置	高
关键帧类型	将按固定速度变化的属性值转换为其他速度	高

3.2.1 课堂案例：纸飞机路径动画

素材位置	素材文件>CH03>课堂案例：纸飞机路径动画
实例位置	实例文件>CH03>课堂案例：纸飞机路径动画
在线名称	课堂案例：纸飞机路径动画.mp4
学习目标	了解关键帧的调节对画面的影响

本例制作的动画静帧图如图3-15所示。

图3-15

01 新建一个合成，并将其命名为"纸飞机"，然后导入本书学习资源中的图片素材"素材文件>CH03>课堂案例：纸飞机路径动画>纸飞机.png"，并将其拖曳到合成中，如图3-16所示。

图3-16

02 选中"纸飞机.png"图层，然后将纸飞机移动到画面的右上角，按P键调出"位置"属性，接着单击左侧的秒表按钮激活其关键帧，在第0秒设置一个起始关键帧，如图3-17所示。

图3-17

03 分别将时间指示器移动到第2秒和第4秒，然后将纸飞机移动到①、②位置附近，这时会自动创建"位置"属性关键帧，如图3-18所示。

图3-18

04 让纸飞机的运动轨迹大致呈S形，呈现一种律动感。这里分别在第1秒和第3秒时将纸飞机移动到图3-19所示的位置附近，同样会自动创建"位置"属性关键帧。

图3-19

05 纸飞机在运动时会受到重力和空气阻力的影响，在空气阻力与重力的相互作用下，纸飞机在平缓飞行时的速度较慢，在下落时的速度较快，因此纸飞机在起飞和落地期间所耗费的时间更长。将第1秒和第3秒处的关键帧分别向第2秒靠近，移动的数值约为半秒（在此合成中为15f），然后按住Ctrl键并单击移动后的两个关键帧，将其转换为圆形关键帧，接着按住Ctrl键并选择第1秒和第4秒的关键帧，按F9键将其转换为缓动关键帧，如图3-20所示。

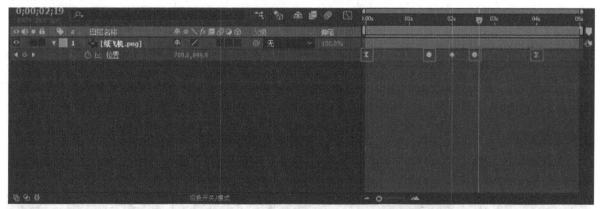

图3-20

06 单击"播放"按钮 ，即可观看制作好的纸飞机动画，该动画的静帧图如图3-21所示。

图3-21

3.2.2 选择关键帧

通过单击可选中单个关键帧，当我们需要选中若干属性的多个关键帧时，可以按住鼠标左键，然后从左向右框选全部关键帧，如图3-22所示。

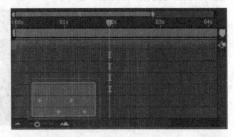

图3-22

当需要选择某一属性的所有关键帧时，只需要单击图层名称即可，如图3-23所示。

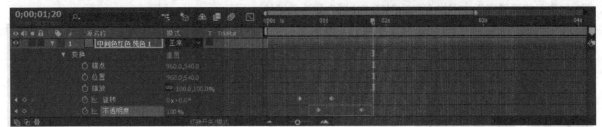

图3-23

提示 如果在选中多个图层的情况下激活其中一个图层的关键帧，那么被选中的图层的关键帧都将被激活。同理，在选中多个图层的情况下设置其中一个图层的属性，那么被选中的图层的相应属性也将被设置为同样的数值，如图3-24所示。

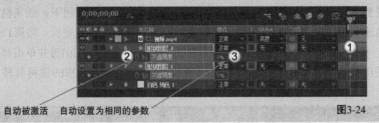

自动被激活　自动设置为相同的参数　　图3-24

3.2.3 编辑关键帧

关键帧可以记录某一属性在特定时间的数值，编辑关键帧自然也就包括改变关键帧的数值，以及关键帧在时间轴上的位置。

1.关键帧数值

在编辑单个关键帧的数值前，需要保证时间指示器位于关键帧所在的时刻，此时该属性左侧的■按钮高亮显示，通过左右拖曳鼠标改变参数，或在框内输入数值都可以改变关键帧的数值，如图3-25所示。

图3-25

若要同时设置多个关键帧的数值，需要先使目标关键帧处于被选中的状态，并让时间指示器位于任意一个所选关键帧的位置，然后通过左右拖曳鼠标改变参数或在框内输入数值即可，如图3-26所示。

图3-26

提示 除此之外，还有另外一种设置属性数值的方式，该方式对时间指示器的位置没有要求。双击想要更改的关键帧，并在弹出的对话框中输入数值，单击"确定"按钮 确定 ，如图3-27所示。

图3-27

2.关键帧位置

选中目标关键帧，拖曳即可改变关键帧的位置，如图3-28所示；选中多个关键帧后，拖曳即可同时改变多个关键帧位置，如图3-29所示。

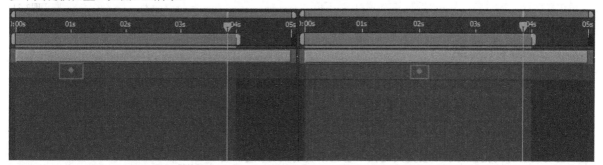

图3-28

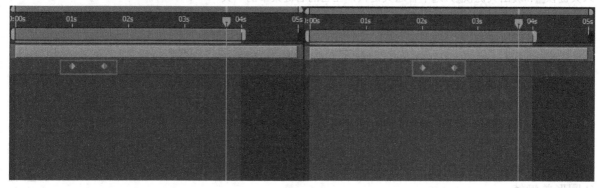

图3-29

选中一个或多个关键帧，按快捷键Ctrl+C进行复制，并按快捷键Ctrl+V进行粘贴，粘贴的位置是由时间指示器的位置决定的。在选中多个关键帧时，以第1个关键帧的位置为基准开始粘贴。另外，除了可以在同一图层的同一属性内进行复制和粘贴，After Effects还支持在不同图层的同一属性处进行复制和粘贴。如图3-30所示，可以将"形状图层1"中的"缩放"关键帧复制到"形状图层2"中。

图3-30

📖 **知识点：在不改变相对位置的情况下改变关键帧速度**

按照上述方法移动关键帧时，所选关键帧的相对位置是保持不变的。有时制作好一个动画后需要改变动画的播放时长，但又

不希望改变关键帧的相对位置，那么此时就需要同时改变关键帧的速度。按住Alt键并拖曳左端或右端的关键帧，这样所选的关键帧便能以另外一端为基准延长或缩短。如图3-31所示，原本位于2~6s的关键帧被延长到了2~8s。

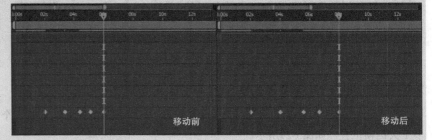

图3-31

3.2.4 关键帧类型

前面提到的关键帧图标是一个菱形，这是最普通的关键帧，在两个菱形关键帧之间，属性值按固定速度变化，即线性变化。当需要让动画看起来更加平滑或成为定格画面时，就需要改变关键帧的类型。

1.缓动关键帧

缓动类型的关键帧属于平缓类关键帧，它包括缓动关键帧▮、缓入关键帧▮和缓出关键帧▮。选中普通关键帧，在它的右键菜单的"关键帧辅助"子菜单中可以选择"缓动""缓入"或"缓出"选项进行切换，如图3-32所示。

重要参数介绍

缓动： 让这一时刻的动画变平滑，快捷键为F9。

缓入： 让所选关键帧左侧的动画变得平滑，快捷键为Shift+F9。

缓出： 让所选关键帧右侧的动画变得平滑，快捷键为Ctrl+Shift+F9。

图3-32

2.圆形关键帧

圆形关键帧▮同样属于平缓类关键帧，按住Ctrl键后单击菱形关键帧即可创建一个圆形关键帧。虽然同样是平缓类关键帧，但是圆形关键帧和缓动关键帧在速度上有明显的区别，缓动关键帧使属性在该时间点的变化速度降低到0，而圆形关键帧则是平滑属性在该时间点的变化速度。为了方便读者进行区别，下面通过"图表编辑器"来观察这两类关键帧的速度变化曲线，如图3-33所示。

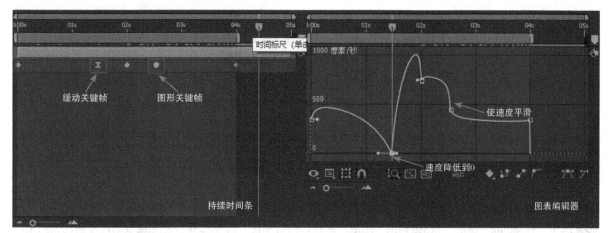

图3-33

3.定格关键帧

定格关键帧■不同于以上两类关键帧，定格关键帧会让这一时刻的动画定格住，并持续到下一个关键帧动画才会恢复正常，常用来制作静止或突变效果。选中任何一种关键帧，就能在右键菜单中选择"切换定格关键帧"选项创建一个定格关键帧，如图3-34所示。

4.菱形关键帧

按住Ctrl键并单击特殊关键帧，就能将其恢复成普通的菱形关键帧。

图3-34

3.3 图表编辑器

在制作某些复杂的动画时，仅在时间轴上添加时间点和关键帧属性往往还不能很好地实现动画效果。因为我们无法直观地看到数值变化的效果，而重复地更改参数并预览则会使工作的效率降低，使用"图表编辑器"就能解决这个问题。

本节内容介绍

名称	作用	重要程度
切换图表编辑器	以图表的方式直观地查看属性的变化	高
图表显示内容	图表显示为值曲线或速度曲线	高
调整图表范围	调整图表的显示范围	高
编辑关键帧	改变关键帧所处的时间点和关键帧的值	高
编辑曲线	通过控制手柄的方向和长度来调整关键帧的值或速度	高

3.3.1 课堂案例：商业数据报表动画

素材位置	素材文件>CH03>课堂案例：商业数据报表动画	
实例位置	实例文件>CH03>课堂案例：商业数据报表动画	
在线视频	课堂案例：商业数据报表动画.mp4	
学习目标	掌握图表编辑器的用法	

扫码观看视频

本例制作的动画静帧图如图3-35所示。

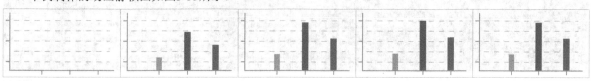

图3-35

01 新建一个合成，并将其命名为"报表"，然后导入本书学习资源中的图片素材"素材文件>CH03>课堂案例：制作商业数据报表动画>表格.png、柱图.png"，将其拖曳到合成中，并按照图3-36所示的顺序排列。

图3-36

02 使用"锚点工具"将"柱图.png"图层的锚点移动到矩形的底部，即与坐标轴交接处，如图3-37所示。

03 选中"柱图.png"图层，按S键调出"缩放"属性，然后单击"约束比例"按钮取消尺寸的比例约束，接着将时间指示器移动到第1秒，单击左侧的秒表按钮设置一个起始关键帧，如图3-38所示。

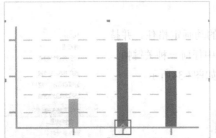

图3-37

图3-38

04 将时间指示器拖曳到第0秒，设置"缩放"的属性值为（100%,0%），然后选中这两个关键帧，按F9键将其转换为缓动关键帧，如图3-39所示。

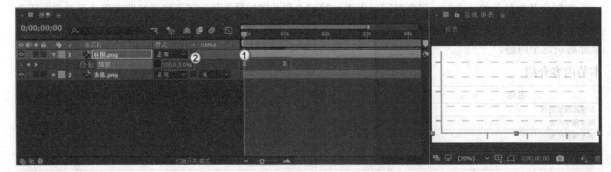

图3-39

05 单击"图表编辑器"按钮，在"图表编辑器"中单击"使所有图表适于查看"按钮，方便对关键帧进行编辑，如图3-40所示。

图3-40

 我们要制作出柱状图先快速上升，略微回弹后稳定的动画效果。选中绿色曲线（代表"缩放"属性的y值），调整曲线两侧手柄的方向和长度，如图3-41所示，使曲线在开始时迅速上升，待"缩放"值略微超过100%后又回落到100%。

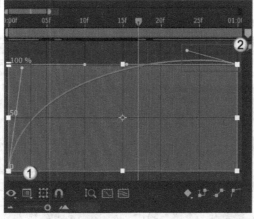

图3-41

 单击"播放"按钮▶，观看制作好的报表动画，该动画的静帧图如图3-42所示。

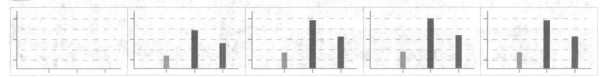

图3-42

3.3.2 切换图表编辑器

单击时间码顶部的"图表编辑器"按钮，这时右侧的图层持续时间条切换为"图表编辑器"，"图表编辑器"内显示的是属性值的变化情况。图表中的横轴表示时间，纵轴表示属性值，曲线上的小方块表示对应时刻的关键帧。图3-43所示为图层的"不透明度"属性值从100%降低到50%，再从50%回到100%的过程。

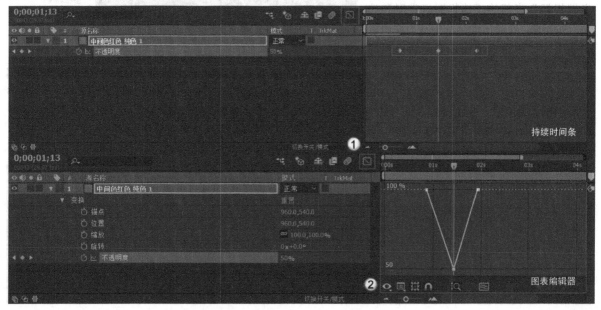

图3-43

退出"图表编辑器",将图层持续时间条中间的关键帧切换为缓动关键帧后,再次进入"图表编辑器",这时"不透明度"属性值的曲线变得平滑,如图3-44所示。这就是使用"图表编辑器"的优势,即可以线条的方式直观地查看属性的变化。

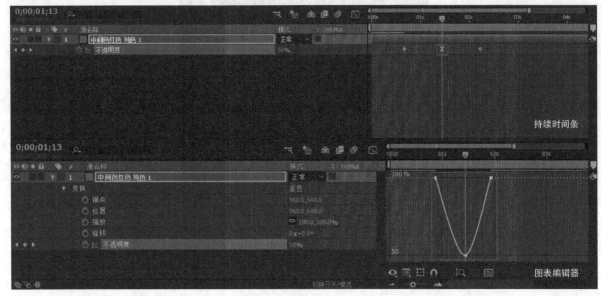

图3-44

3.3.3 图表显示内容

在上一小节中,"图表编辑器"显示的是两个关键帧的属性值在不同时刻变化的缓急。除了值曲线外,"图表编辑器"还可以显示速度曲线。单击"图表编辑器"底部的"选择图表类型和选项"按钮 ,在弹出的菜单中有"编辑值图表"和"编辑速度图表"两项可供选择,如图3-45所示。

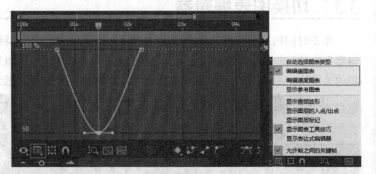

图3-45

当图表类型为"编辑速度图表"时,"图表编辑器"内显示的是速度的变化情况。图表中的横轴表示时间,纵轴表示属性变化速度,曲线上的小方块表示关键帧。图3-46所示为"不透明度"属性的速度变化情况,可以看出速度在两侧时较快,在中间时较慢,代表这段动画在开始和结束时的变化较快,在中间的变化较缓。

图3-46

重要参数介绍

自动选择图表类型：自动选择显示值图表还是速度图表。

显示参考图表：在"图表编辑器"中同时显示值图表和速度图表来作为参考线，如图3-47所示。

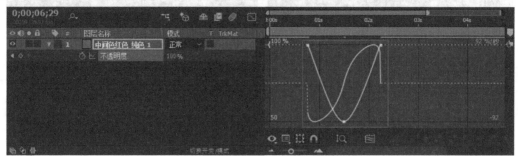

图3-47

显示音频波形：在"图表编辑器"的背景中显示所选中图层的音频波形（需要同时选中音频），如图3-48所示。

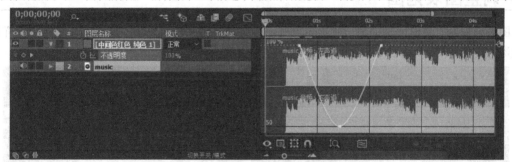

图3-48

显示图层的入点/出点：在"图表编辑器"中显示图层的入点和出点，如图3-49所示。

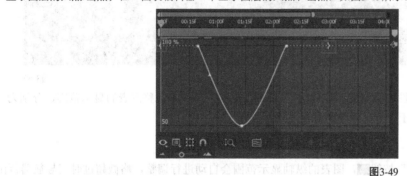

图3-49

显示图层标记：在"图表编辑器"中显示图层的标记，如图3-50所示。

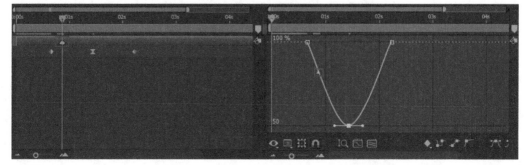

图3-50

显示图表工具技巧：勾选该选项时，将鼠标指针悬停在曲线上时会显示对应时刻的图层名称和属性值（或速度值），如图3-51所示。

显示表达式编辑器：在"图表编辑器"中显示表达式编辑栏，如图3-52所示。

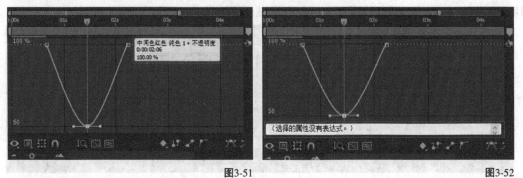

图3-51　　　　　　　　　　　　　　　　　　　　图3-52

3.3.4 调整图表范围

"图表编辑器"是时间轴的另一种显示方式，但是其作用并没有发生改变，其显示范围同样随着时间导航器的变化而变化，如图3-53所示。

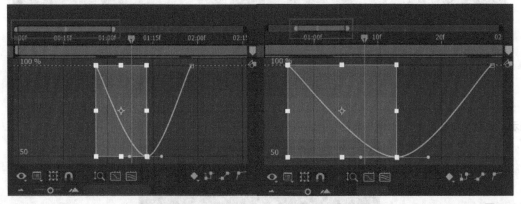

图3-53

除了调整时间导航器，"图表编辑器"还提供了3种更加便利的方式来调整图表的显示范围，分别为"自动缩放图表高度""使选择适于查看""使所有图表适于查看"。

1.自动缩放图表高度

单击"自动缩放图表高度"按钮，图表的纵轴显示范围会自动进行调整，略微超过时间导航器范围内的曲线值的最大值和最小值，便于我们在更改参数或拖曳时间导航器时查看属性值变化，如图3-54所示。

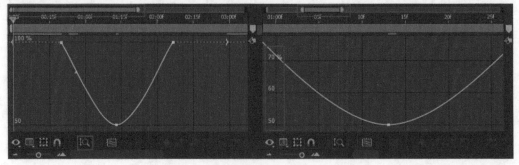

图3-54

2.使选择适于查看

使用"使选择适于查看"功能需要先选中一段或多段曲线，如选中一段下降的曲线，单击"使选择适于查看"按钮图，时间导航器的范围将自动进行调整，曲线被缩放到了适合整个图表框的大小，如图3-55所示。

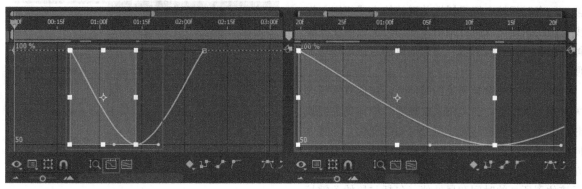

图3-55

3.使所有图表适于查看

使用"使所有图表适于查看"功能针对有多个曲线显示在图表中的情况。如图3-56所示，图层的"旋转"和"不透明度"属性均设置了关键帧，选择这两个属性后，可以看到两个属性的值曲线同时显示在图表中。

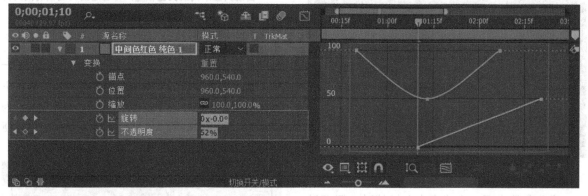

图3-56

单击"使所有图表适于查看"按钮图，时间导航器的范围将自动进行调整，这时所有显示的曲线均被缩放到了适合整个图表框的大小，如图3-57所示。

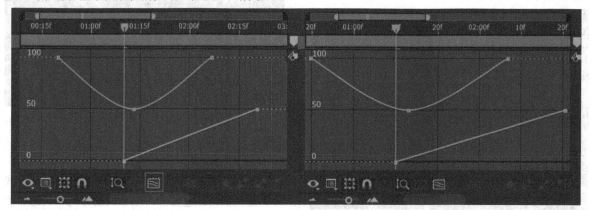

图3-57

3.3.5 编辑关键帧

图表中的小方块表示的是属性关键帧，我们可以在"图表编辑器"中通过编辑小方块来编辑关键帧。与在时间轴中编辑属性关键帧的方式相同，拖曳、使用快捷键或执行菜单命令均可更改属性关键帧，但在"图表编辑器"中用拖曳的方法显然更加便利。

除了更改关键帧所处的时间点，还能直接更改关键帧的属性值。在"图表编辑器"中拖曳关键帧时，水平方向的位移对应所处时间的变化，竖直方向的位移对应属性值（或值的变化速度）的变化。在拖曳小方块的过程中，弹出的黄色窗口将实时显示该位置所处的时间和属性值（包括与原始关键帧的差值），如图3-58所示。当我们只想改变关键帧的属性值或时间时，只需在拖曳时按住Shift键即可。

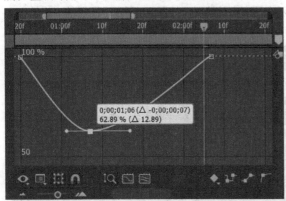

图3-58

当我们选中了一个或多个关键帧时，还可以通过"图表编辑器"底部的按钮编辑关键帧，如图3-59所示。

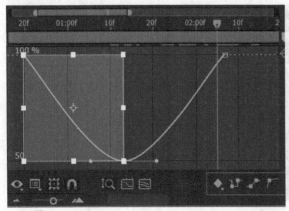

图3-59

重要参数介绍

编辑选中的关键帧：单击该按钮，弹出关键帧菜单，与在时间轴中单击鼠标右键的效果相同，如图3-60所示。

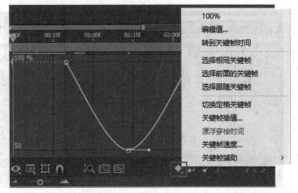

图3-60

定格关键帧：将选定的关键帧切换为定格关键帧。

线性关键帧：将选定的关键帧切换为线性关键帧，即普通的菱形关键帧。

自动贝塞尔曲线关键帧：将选定的关键帧切换为自动贝塞尔曲线关键帧，即圆形关键帧。

3.3.6 编辑曲线

在"图表编辑器"中选中缓动关键帧，这时小方块的两侧各连接一个黄色的手柄（该手柄端点为圆形），如图3-61所示。使用手柄，我们能更方便地调整曲线的形状。

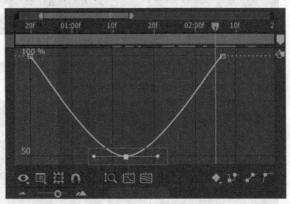

图3-61

提示 缓入和缓出关键帧的手柄只会在单侧出现。

一般通过控制手柄的方向和长度来调整曲线（关键帧的值或速度），当手柄的方向和关键帧的切线方向相同时，表示曲线的变化方向。若手柄呈水平状态，那么该点的曲线值的变化率很小；若手柄的状态接近竖直，那么该点的曲线值的变化率很大。手柄的长度表示变化趋势被延伸的程度，长度越长，趋势被延伸得也就越长。如图3-62所示，左侧的手柄由水平被调整到接近垂直，因此左侧部分的曲线发生变化，由缓和变得陡峭；右侧的手柄在方向上没有变化但是长度变长，曲线变成开始时平缓，结束时急促的状态。

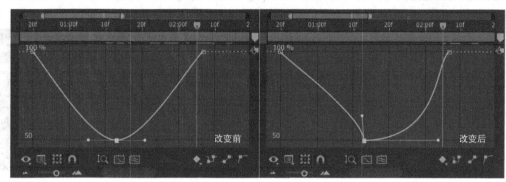

图3-62

3.4 课堂练习

为了让读者对关键帧和图表编辑器的作用有更加透彻的认识，这里准备了4个练习供读者学习，如有不明白的地方可以观看在线视频。

3.4.1 课堂练习：日落动画

素材位置	素材文件>CH03>课堂练习：日落动画
实例位置	实例文件>CH03>课堂练习：日落动画
在线视频	课堂练习：日落动画.mp4
学习目标	掌握关键帧不透明属性的用法

扫码观看视频

本例制作的动画静帧图如图3-63所示。

图3-63

01 导入学习资源中的图片素材"素材文件>CH03>课堂练习：日落动画>海岛.png、太阳.png"，然后选中"海岛.png"图层，单击鼠标右键并选择"基于所选项新建合成"选项，如图3-64所示，即可建立一个大小与海岛素材相同的合成，同时该合成被自动命名为"海岛"。

图3-64

02 按快捷键Ctrl+Y新建一个纯色图层，并将其命名为"背景"，设置"颜色"为橙色（R:255，G:137，B:70）。再次新建一个纯色图层，并将其命名为"黑幕"，设置"颜色"为黑色。将"太阳.png"拖曳到合成中，并调整图层的顺序，将"黑幕""海岛.png""太阳.png""背景"图层按照从上到下的顺序进行排列，并设置"黑幕"图层的"不透明度"为0%，如图3-65所示。

图3-65

03 太阳下落到一定时间后，夜幕才开始降临，在开始时太阳应该悬挂在空中。选中"太阳.png"图层，按S键调出"缩放"属性，并设置该属性值为（50%,50%）；按P键调出"位置"属性，并设置该属性值为（500,150），此时的合成预览如图3-66所示。

图3-66

04 选中"黑幕"图层，按T键调出"不透明度"属性，单击左侧的秒表按钮激活其关键帧；选中"太阳.png"图层，按P键调出"位置"属性，单击左侧的秒表按钮激活其关键帧，如图3-67所示。

图3-67

05 将时间指示器移动到第3秒，设置"黑幕"图层的"不透明度"为100%，"太阳.png"图层的"位置"属性为（500,800），如图3-68所示。

图3-68

06 在第1秒的时候夜幕开始降临，选中"黑幕"图层，将第0秒的关键帧移动到第1秒，并选择全部的关键帧，按F9键将其转换为缓动关键帧，如图3-69所示。

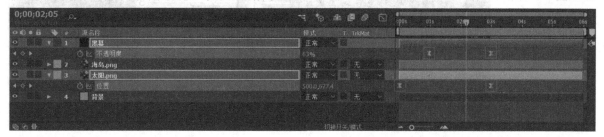

图3-69

07 单击"播放"按钮▶，观看制作好的日落动画，该动画的静帧图如图3-70所示。

图3-70

3.4.2 课堂练习：进度条动画

素材位置	素材文件>CH03>课堂练习：进度条动画
实例位置	实例文件>CH03>课堂练习：进度条动画
在线视频	课堂练习：进度条动画.mp4
学习目标	掌握关键帧位置属性的用法

本例制作的动画静帧图如图3-71所示。

图3-71

01 新建一个合成，并将其命名为"进度条"。导入本书学习资源中的图片素材"素材文件>CH03>课堂练习：进度条动画>进度条框.png、进度条.png"，并将其拖曳到合成中，如图3-72所示。

图3-72

02 选中"进度条.png"图层，按P键调出"位置"属性，单击左侧的秒表按钮激活其关键帧，在第0秒创建一个起始关键帧，如图3-73所示。

03 将时间指示器移到第2秒，设置"位置"为（1366,540），设置一个终止关键帧，如图3-74所示。

图3-73

图3-74

04 选中两个关键帧，按F9键将其转换为缓动关键帧。进入"图表编辑器"，单击"选择图表类型和选项"

按钮■，在弹出的菜单中选择"编辑值图表"选项，如图3-75所示。

图3-75

05 选中"位置"属性，单击鼠标右键并选择"单独尺寸"选项，拆分出"X位置"属性和"Y位置"属性，并只选中"X位置"，如图3-76所示。

图3-76

06 通过手柄调整"X位置"的值可以调整曲线的形状，使其先陡峭后平缓，表示进度条先快速后缓慢，如图3-77所示。

图3-77

07 单击"播放"按钮▶，观看制作好的进度条动画，该动画的静帧图如图3-78所示。

图3-78

3.4.3 课堂练习：书掉落动画

素材位置	素材文件>CH03>课堂练习：书掉落动画
实例位置	实例文件>CH03>课堂练习：书掉落动画
在线视频	课堂练习：书掉落动画.mp4
学习目标	掌握关键帧旋转属性的用法

本例制作的动画静帧图如图3-79所示。

图3-79

01 新建一个合成，并将其命名为"书架"。导入本书学习资源中的图片素材"素材文件>CH03>课堂练习：书架动画>书.png、书架.png"，并将其拖曳到合成中，如图3-80所示。

图3-80

02 选中"书.png"图层，使用"锚点工具"将书的锚点拖曳到图3-81所示的位置。

03 将时间指示器移动到第0秒，按R键调出"旋转"属性，单击左侧的秒表按钮激活其关键帧，如图3-82所示。

图3-81

图3-82

04 将时间指示器移动到10f，并设置"旋转"为0x-90°，使书平躺在书架上，如图3-83所示。

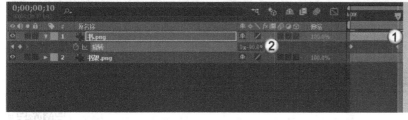

图3-83

05 要想让书从书架上掉下来，还需要在书架边缘添加一个转动的锚点，使书表现出向下转动的趋势。执行"效果>扭曲>变换"菜单命令，为图层添加变换效果，在"效果控件"面板中单击锚点状按钮，然后将效果的锚点移动到桌角，此时书的位置也会相应地发生变化，如图3-84所示。

06 拖曳书附近的锚点，将其移动到原位置，如图3-85所示。

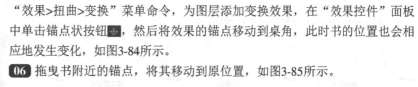

图3-84

图3-85

07 在"效果控件"面板中单击"旋转"左侧的秒表按钮激活其关键帧，然后选中"书.png"图层，按U键展开激活了关键帧的属性面板，找到"变换"效果的"旋转"属性，如图3-86所示。

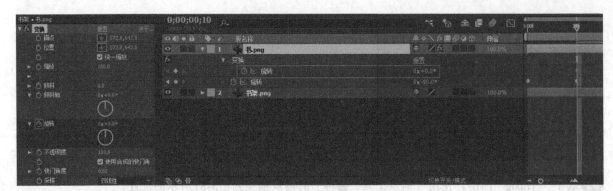

图3-86

08 将时间指示器移动到15f，并设置"旋转"为0x－45°，制作出书掉落下来的画面，如图3-87所示。

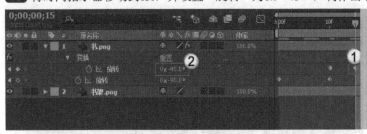 

图3-87

09 单击"播放"按钮▶，观看制作好的书架动画，该动画的静帧图如图3-88所示。

图3-88

3.4.4 课堂练习：刹车动画

素材位置	素材文件>CH03>课堂练习：刹车动画
实例位置	实例文件>CH03>课堂练习：刹车动画
在线视频	课堂练习：刹车动画.mp4
学习目标	掌握图表编辑器的用法

本例制作的动画静帧图如图3-89所示。

图3-89

01 新建一个合成，并将其命名为"小车"。导入学习资源中的图片素材"素材文件>CH03>课堂练习：小车动画>小车.png"，并将其拖曳到合成中，如图3-90所示。

图3-90

02 选中"小车.png"图层，按P键调出"位置"属性，单击鼠标右键并选择"单独尺寸"选项，拆分出"X位置"和"Y位置"两个属性。这里只让小车在水平方向上运动，并从画面的右侧进入，所以设置"X位置"为1800，单击左侧的秒表按钮⬤，在第0秒设置一个起始关键帧，如图3-91所示。

图3-91

03 将时间指示器移动到第2秒，并设置"X位置"为800，然后选中所有的关键帧，按F9键将其转换为缓动关键帧，如图3-92所示。

图3-92

04 单击"图表编辑器"按钮▦，然后在"图表编辑器"中单击"使所有图表适于查看"按钮▦，方便对关键帧进行编辑，接着单击"选择图表类型和选项"按钮▦，并选择"编辑速度图表"选项，如图3-93所示。

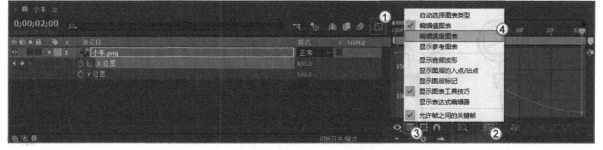

图3-93

05 让小车以较快的速度从画面的右侧进入，然后减速停止。调整"X位置"的速度曲线，缩短左侧手柄的长度，延长右侧手柄的长度，使速度在开始时迅速下降，然后缓慢回升到0，如图3-94所示。

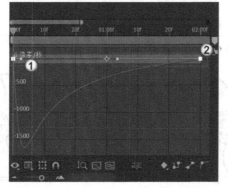

图3-94

06 导入学习资源中的图片素材"素材文件>CH03>课堂案例：小车动画>小车背景.png"，并将其拖曳到合成中，放置在底层作为背景，在"合成"面板中拖曳小车的位置使其在河流前停止，如图3-95所示。

图3-95

07 单击"播放"按钮▶，观看制作好的小车动画，该动画的静帧图如图3-96所示。

图3-96

3.5 课后习题

为了巩固前面学习的知识，下面安排两个习题供读者课后练习。

3.5.1 课后习题：手臂动作动画

素材位置	素材文件>CH03>课后习题：手臂动作动画
实例位置	实例文件>CH03>课后习题：手臂动作动画
在线视频	课后习题：手臂动作动画.mp4
学习目标	熟练掌握关键帧的用法

本例制作的动画静帧图如图3-97所示。读者需制作小人伸出右手，左手缓慢摇动的动画。

图3-97

3.5.2 课后习题：风扇变速动画

素材位置	素材文件>CH03>课后习题：风扇变速动画
实例位置	实例文件>CH03>课后习题：风扇变速动画
在线视频	课后习题：风扇变速动画.mp4
学习目标	熟练掌握图表编辑器的用法

本例制作的动画静帧图如图3-98所示。读者需制作风扇扇叶逐渐加速，然后渐渐停止的动画。

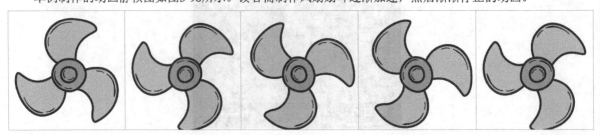

图3-98

第4章

蒙版与遮罩动画

除了用基本的属性关键帧制作出流畅的动画，改变背景的效果还可以丰富画面的层次，这种效果大多是通过After Effects中的蒙版和遮罩实现的。蒙版和遮罩常常被认为是同一种工具，因为两者具有十分相近的功能，均是通过改变图层的Alpha通道值来确定目标图层中每个像素的透明度，达到控制图层显示范围的目的，从而制作出酷炫的动画效果。本章对这两种工具进行了区分，并以不同的案例来加深理解。

课堂学习目标

- 了解蒙版与遮罩的差异
- 掌握蒙版的用法
- 掌握遮罩的用法

4.1 蒙版与遮罩的功能

为了正确理解蒙版和遮罩的特点及其使用方法，本书根据Adobe官方所定义的功能深入地区分两者的差异（在其他软件或行业中可能有不同的定义）。

本节内容介绍

名称	作用	重要程度
蒙版	修改图层属性和效果的路径	高
遮罩	基于另一个图层的属性改变本图层的显示程度和范围	高

4.1.1 认识蒙版与遮罩

对初学者来说，很难分清蒙版和遮罩的区别，甚至很多从业者也会将两者混淆。蒙版和遮罩难以分清的原因在于，这两种工具在使用时的目的是一致的，都是为了改变图层的显示程度或区域，如动态地调整图层的透明度。分别将蒙版和遮罩作用于图像上，两者的效果是一致的，如图4-1所示。这两种工具的区别也十分明显：蒙版本身是图层具有的一种属性，与图层同时存在；而遮罩则是作为一个单独的图层存在的，或者说是将某个其他的图层作为本图层的遮罩来影响本图层的显示效果。

使用蒙版/遮罩前　　　　　　使用蒙版/遮罩后

图4-1

使用蒙版时，需要在图层中添加一个圆形的蒙版路径，但只需要一个图层就可以实现上述效果；使用遮罩时，则需要一个额外的圆形遮罩图层，通过两个图层联合实现上述效果，如图4-2所示。由此可见，两者的使用方法在本质上有着明显的区别，因此在实现动画的蒙版或遮罩效果时将会有不同的制作思路，我们需要根据实际情况选择合适的制作方式。

使用蒙版　　　　　　　　　使用遮罩

图4-2

1.蒙版（Mask）

After Effects中的蒙版是一种路径，是通过修改图层的属性来实现一些遮罩类效果，具有以下特点。

第1点，蒙版依附于图层，与效果和变换一样作为图层的属性而存在，而不是单独的图层。

第2点，蒙版隶属于特定图层，一个图层可以同时包含多个蒙版。

第3点，蒙版既然是路径，那么它既可以是闭合路径，又可以是开放路径。

> **提示**　当我们需要使用蒙版来修改图层的不透明度时，影响的是闭合区域内部的不透明度，因此蒙版路径必须是闭合的，类似的填充、改变形状等效果也必须是闭合路径。除了影响不透明度，蒙版还可以用于不要求路径闭合的其他效果，如描边、路径文本、音频波形、勾画等。当然，有些效果则可以同时用到闭合路径和开放路径，如涂抹（涂写）、描边、路径文本、音频波形、音频频谱、勾画等，如图4-3至图4-8所示。

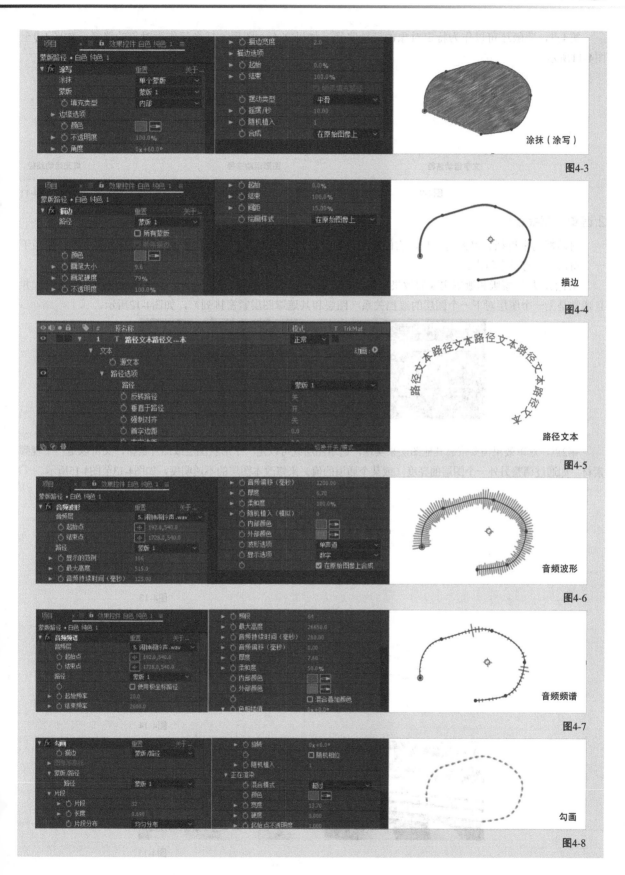

图4-3

图4-4

图4-5

图4-6

图4-7

图4-8

第4点，蒙版还可以作为特定对象的运动路径，如以文本、图形、灯光等作为对象的路径，如图4-9至图4-11所示。

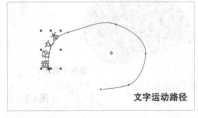
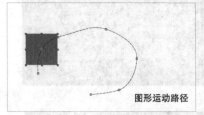
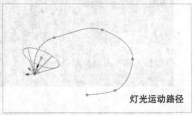

文字运动路径   图形运动路径   灯光运动路径

图4-9   图4-10   图4-11

2.遮罩（Matte）

遮罩即用来遮挡、遮盖的工具，它的作用是通过遮挡部分图像内容来显示特定区域的图像内容，相当于一个窗口，具有以下特点。

第1点，尽管蒙版和遮罩实现的效果类似，但蒙版是一类属性，而遮罩是作为一个单独的图层存在的，并且通常是上一个图层对下一个图层的遮挡关系（图层和其遮罩图层紧密排列），如图4-12所示。

图4-12

第2点，遮罩效果需要依靠其他图层来实现，遮罩图层既可以是一个形状图层或图片素材，又可以是一个视频素材，如通过调整另外一个图层的亮度（或某个通道的值）来修改本图层的不透明度，如图4-13至图4-15所示。

将形状图层作为遮罩

图4-13

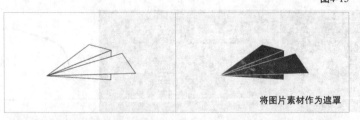

将图片素材作为遮罩

图4-14

将视频素材作为遮罩

图4-15

4.1.2 区分蒙版与遮罩

通过上述内容，我们知道了蒙版与遮罩的工作原理，进而可以总结出两者在使用方式上的差异。

1.显示不同

蒙版： 通过图层中蒙版路径的形状，显示出本图层中蒙版路径所围成的区域内的内容。

遮罩： 通过遮罩图层中的图形对象，显示被修改的图层中对应的高亮度或是不透明的区域。

2.效果图像不同

蒙版： 可以多个蒙版隶属于同一个图层，以创建出多样的效果。

遮罩： 只可以将单个图层放在一个遮罩图层下，一个被修改图层也只能对应一个遮罩图层。

4.2 蒙版效果

蒙版是基于形状图层创建的不透明区域，它还有很多属性，可用于制作丰富的效果。

本节内容介绍

名称	作用	重要程度
使用蒙版	添加和修改蒙版	高
蒙版叠加模式	调整蒙版的不同叠加模式	高
蒙版羽化	使蒙版区域的边缘平滑过渡	高
蒙版不透明度	调整蒙版影响程度	高
蒙版扩张	扩张或缩小蒙版范围	中

4.2.1 课堂案例：照亮孤独的人动画

素材位置	素材文件>CH04>课堂案例：照亮孤独的人动画	
实例位置	实例文件>CH04>课堂案例：照亮孤独的人动画	
在线视频	课堂案例：照亮孤独的人动画.mp4	
学习目标	掌握蒙版的用法	

本例制作的动画静帧图如图4-16所示。

图4-16

01 导入本书资源中的图片素材"素材文件>CH04>课堂案例：照亮孤独的人动画>房间.png"，并将其拖曳到"新建合成" 按钮上，即可创建一个"房间"合成，如图4-17所示。

图4-17

02 给孤独的人画上一束灯光。按快捷键Ctrl+Y创建一个纯色图层，并设置"颜色"为黄色（R:255，G:229，B:12），同时单击左侧的眼睛图案，使纯色图层暂时不显示，接着使用"钢笔工具" ✎ 绘制图4-18所示的蒙版路径。

图4-18

> **提示** 绘制底部的锚点时调整控制柄的位置，使蒙版路径底部较为圆滑。

03 选中"黄色 纯色 1"图层左侧的眼睛图案，让纯色图层恢复显示，如图4-19所示。

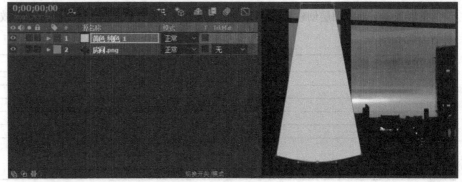

图4-19

04 选中"黄色 纯色 1"图层，按T键调出"不透明度"属性。将时间指示器移动到第0秒，设置该属性值为0%，然后单击左侧的秒表按钮 ◎ 激活其关键帧，如图4-20所示；将时间指示器移动到第2秒，设置该属性值为30%，如图4-21所示。

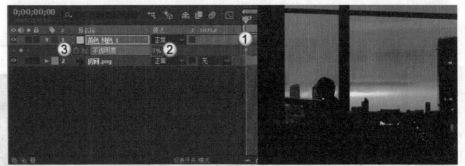

图4-20

图4-21

05 按F键调出"蒙版羽化"属性，设置该属性值为（40,40）像素，使光更加柔和，如图4-22所示。

图4-22

06 按快捷键Ctrl+Y创建一个纯色图层，并设置"颜色"为黑色，然后将该图层放置在两个图层之间，如图4-23所示。

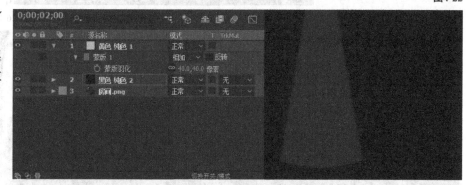

图4-23

07 选中"黄色 纯色1"图层，按快捷键Ctrl+C复制"蒙版1"，再选中"黑色 纯色2"图层，按快捷键Ctrl+V进行粘贴，如图4-24所示。

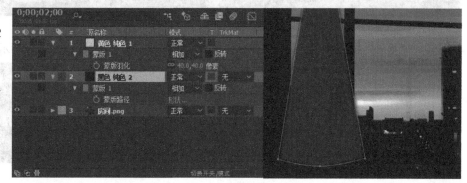

图4-24

08 选中"黑色 纯色2"图层，然后按M键调出"蒙版"属性，并设置蒙版的叠加模式为"相减"，如图4-25所示。

图4-25

09 通过蒙版只让人物的周围变亮，而画面中的其他部分变暗，从而突出人物的孤独感。选中"黑色 纯色2"图层，然后按T键调出"不透明度"属性。将时间指示器移动到第0秒，设置该属性值为0%，然后单击左侧的秒表按钮 激活其关键帧，如图4-26所示；将时间指示器移动到第2秒，设置该属性值为80%，如图4-27所示。

图4-26

图4-27

10 单击"播放"按钮▶，观看制作好的孤独的人动画，该动画的静帧图如图4-28所示。

图4-28

4.2.2 使用蒙版

通常用形状工具和钢笔工具创建蒙版，也可以将Illustrator或Photoshop项目文件的路径直接复制并粘贴到After Effects的图层上作为蒙版。若蒙版需要对一个纯色图层添加蒙版路径（在创建蒙版前先选中纯色图层），这时蒙版以外的部分变为全透明。

1.创建蒙版

形状工具适合创建规则的几何形状的蒙版，如圆形、多边形等；钢笔工具则可以绘制任意形状的蒙版，适合绘制复杂的元素或开放路径。

形状工具

长按"矩形工具"按钮▣，在弹出的菜单中可以看到5种基本的绘图工具，如图4-29所示。

图4-29

选择相应的形状工具，将鼠标指针移动到"合成"面板后变为准星形状，在目标位置处按住鼠标并拖曳一定距离，松开鼠标即可绘制一个图形，如图4-30所示。在此过程中，按住Shift键并拖曳一定距离，松开鼠标即可绘制半径相同或边长相同的图形。

矩形　　　　　　　圆角矩形　　　　　　椭圆　　　　　　多边形　　　　　　星形

图4-30

提示 在使用形状工具添加蒙版时，使用快捷键有助于我们绘制想要的蒙版路径。绘制椭圆形、矩形和圆角矩形时，按住Ctrl键可以使形状的中心保持在鼠标单击处，可由内向外地进行绘制；绘制星形时，按住Ctrl键使形状随鼠标指针的位置变化，这样只会改变外径而不改变内径；绘制多边形和星形时，按住Ctrl键使形状随鼠标指针的位置变化，这样只会改变大小而不发生旋转；绘制圆角矩形时，滚动鼠标滚轮可以调整圆角的圆度；绘制多边形和星形时，滚动鼠标滚轮可以调整边的数目。

钢笔工具

在工具栏中单击"钢笔工具"按钮切换至钢笔工具模式，此时将鼠标指针移动到"合成"面板后变为笔尖形状。在画板中通过单击指定第1个锚点，在其他位置处再次单击即可指定第2个锚点，完成一条直线的绘制，重复操作即可完成直线路径的绘制，如图4-31所示。在此过程中，按住Shift键并再次指定锚点可以将直线路径的走向控制为水平、竖直或45°方向；按住Ctrl键并单击路径之外的区域（或按Esc键）可以结束路径的绘制并保持路径为开放状态；在绘制过程中将鼠标指针拖曳到第1个锚点上，待鼠标光标变成倾斜状时单击，可以结束绘制并保持路径为闭合状态。

在"合成"面板中拖曳鼠标指针指定第1个锚点，这时锚点上会出现两个控制柄，控制柄决定了曲线路径的走向。当调整好控制柄的角度后，在其他位置处再次拖曳鼠标指针即可指定第2个锚点，完成一条曲线的绘制，重复操作即可完成曲线路径的绘制，如图4-32所示。

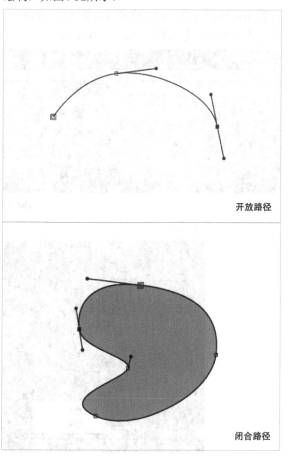

开放路径

闭合路径

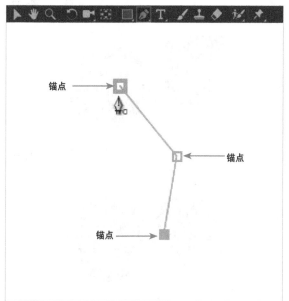

锚点

锚点

锚点

图4-31

图4-32

2.修改形状

在初次使用形状工具和钢笔工具创建蒙版时，不一定能够获得自己想要的图形，后续还需要经过更加细致地调整。使用"选取工具"▶选择某一个蒙版或展开图层的"蒙版"属性，我们可以看见各个蒙版的路径，如图4-33所示。

图4-33

形状菜单

单击"蒙版路径"属性后的高亮文字，如图4-34所示，在弹出的"蒙版形状"对话框中可以设置定界框的位置，以及将蒙版重置为恰好匹配定界框大小的矩形或椭圆形，如图4-35所示。

图4-34

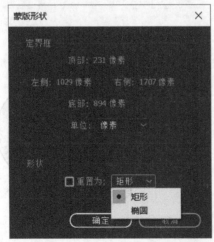

图4-35

📖 **知识点：定界框的使用**

将鼠标指针放置在想要修改的蒙版路径上，双击即可在蒙版周围出现定界框，如图4-36所示。通过定界框我们可以对蒙版路径进行移动、缩放和旋转等操作。

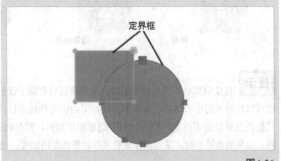

图4-36

显示蒙版的定界框后，将鼠标指针移动到矩形定界框内的任意一个位置拖曳即可移动蒙版路径，如图4-37所示；将鼠标指针放置在定界框的边界或角点附近，待指针变为双箭头↗后拖曳即可缩放蒙版路径，如图4-38所示；将鼠标指针放置在定界框边界的其他位置，待指针变为弯曲的双箭头↻后拖曳即可旋转蒙版路径，如图4-39所示。

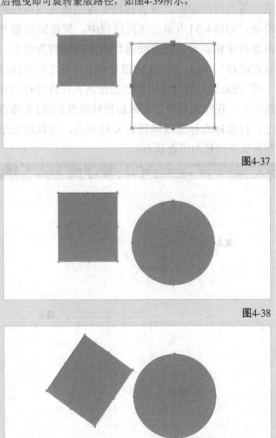

图4-37

图4-38

图4-39

钢笔修改工具

钢笔修改工具可以更细致地改变路径的形状。在"钢笔工具" 子菜单中切换钢笔工具的类型，除了我们已经学习过的"钢笔工具" ，还包括其他4种工具，如图4-40所示。

图4-40

重要参数介绍

钢笔工具 ：除了绘制路径以外，还可以通过拖曳顶点更改蒙版路径的形状，如图4-41所示。

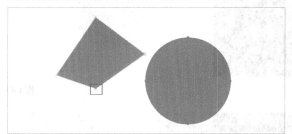

图4-41

添加"顶点"工具 ：在原有的蒙版路径上添加新的顶点，并配合"钢笔工具" 更改蒙版路径的形状，如图4-42所示。

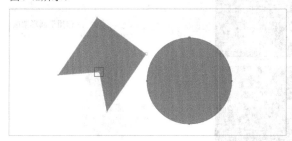

图4-42

删除"顶点"工具 ：删除原有蒙版路径上的某个顶点，如图4-43所示。

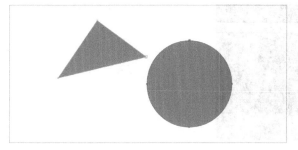

图4-43

转换"顶点"工具 ：在平滑顶点和边角顶点两类中切换顶点类型，如图4-44所示。

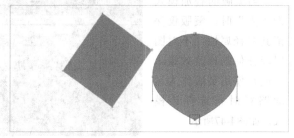

图4-44

蒙版羽化工具 ：更改蒙版的羽化程度和方向（蒙版羽化的知识在后续章节中会学习），如图4-45所示。

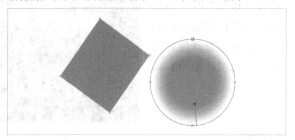

图4-45

4.2.3 蒙版叠加模式

用形状工具和钢笔工具绘制的图形是矢量图形，除了基本的图形变换属性以外，还包含其他变换属性。选中目标图层后，按M键调出"蒙版"属性，在蒙版的"模式"栏内可以更改对应蒙版的叠加模式，如图4-46所示。蒙版的叠加模式共有"无""相加""相减""交集""变亮""变暗""差值"7种，在默认情况下，所有蒙版的叠加模式均为"相加"。一般来说，第一层的蒙版叠加模式只会在"无""相加"和"相减"中选择，其他模式则多用于蒙版间的叠加。

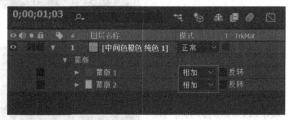

图4-46

提示 当图层中有多层蒙版时，仅有第一层蒙版可以与图层相互作用（具体来说是与非全透明图层的Alpha通道相互作用），其他蒙版则只会与堆积在它之上的蒙版相互作用。

1.无

当蒙版的叠加模式为"无"时，蒙版仅保留其路径属性，不对图层起任何的修改效果。一般在使用蒙版作为运动路径时常选择该模式，如图4-47所示。

图4-47

2.相加

当蒙版的叠加模式为"相加"时，将保留蒙版路径范围内的图层，同时蒙版范围外的像素变透明，如图4-48所示。

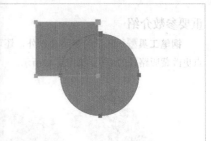

图4-48

3.相减

当蒙版的叠加模式为"相减"时，将使蒙版范围内的图层变透明或是从位于该蒙版上的蒙版中减去重叠部分的影响。如图4-49所示，分别为给圆形蒙版和矩形蒙版单独设置"相减"模式的结果。

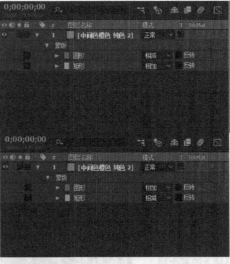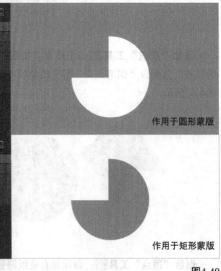

作用于圆形蒙版

作用于矩形蒙版

图4-49

4.交集

当蒙版的叠加模式为"交集"时，在蒙版与位于它上一层的蒙版重叠的区域中，该蒙版的影响将与位于它上一层的蒙版累加；在蒙版与它上一层的蒙版不重叠的区域中，图层则会变为透明，如图4-50所示。

图4-50

5.变亮和变暗

"变亮"叠加模式一般在修改过"不透明度"属性的蒙版相叠加时使用。在建立好闭合的蒙版路径后，

默认路径范围内的"蒙版不透明度"为100%，范围外则为0%。蒙版实际上只影响"蒙版不透明度"大于0%处所对应的图层，"蒙版不透明度"越大则受到的影响越大。此处分别设置圆形蒙版和矩形蒙版的不透明度为50%和80%，当矩形蒙版的叠加模式为"变亮"时，相当于首先取了一次并集，再对相交部分取蒙版中不透明度值较高的那一个；当矩形蒙版的叠加模式为"变暗"时，相当于首先取了一次交集，再取各层叠加蒙版的不透明度的最低值，如图4-51所示。

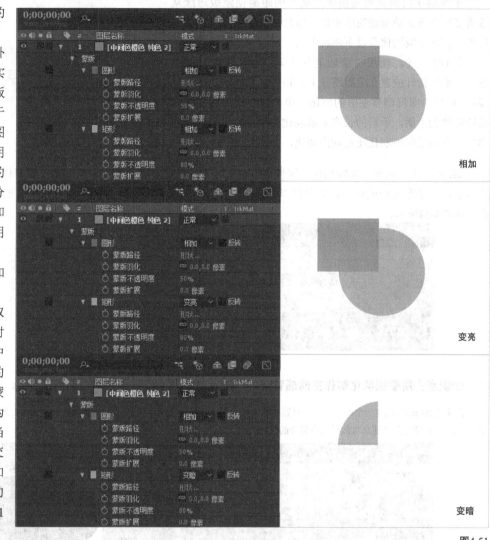

图4-51

6.差值

当蒙版的叠加模式为"差值"时，在蒙版与位于它上一层的蒙版不重叠的区域中，将应用蒙版效果；在重叠的

区域中，位于上一层的蒙版将抵消该蒙版在重叠区域的影响。圆形蒙版和矩形蒙版在重叠区域的作用相互抵消，只剩下非重合的部分作用在图层上，如图4-52所示。

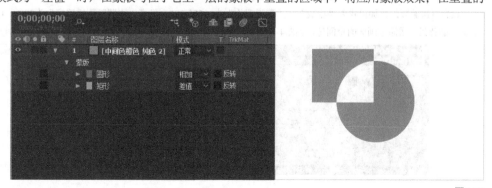

图4-52

4.2.4 蒙版羽化

蒙版羽化指的是通过按用户定义的距离使蒙版边缘从透明度更高逐渐减至透明度更低，以此对蒙版边缘进行柔化处理。实现蒙版羽化有以下两种方式。

第1种方式，使用"蒙版羽化工具"。选中目标蒙版，将鼠标指针放置在蒙版路径上，待鼠标指针的右下角出现+号后单击即可调整蒙版的羽化。单击后会出现跟随鼠标指针移动的手柄，手柄的长度表示羽化的程度，手柄的方向则代表蒙版是向外羽化还是向内羽化，如图4-53所示。

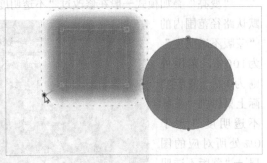

图4-53

第2种方式，调整"蒙版羽化"属性值。这种方式是默认蒙版边缘为双向羽化，即羽化的对象一半在图形的内部，一半在图形的外部，如当设置"蒙版羽化"属性值为（150，150）像素时，图形内外各羽化了75像素，如图4-54所示。

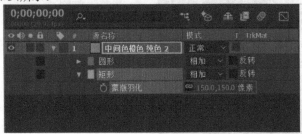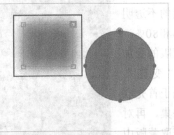

图4-54

📖 **知识点：用蒙版羽化制作空间感背景**

按快捷键Ctrl+Y创建一个纯色图层，设置"颜色"为黑色，然后使用"椭圆工具"绘制一个椭圆。选中纯色图层，然后双击形状工具，即可自动建立与图层大小契合的椭圆蒙版，如图4-55所示。

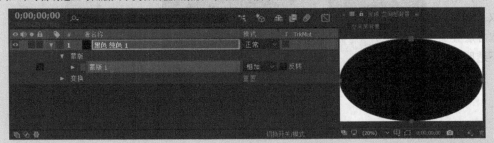

图4-55

设置椭圆蒙版的叠加模式为"相减"，"蒙版羽化"为（500,500）像素，"蒙版不透明度"为30%，可以看到图像周围变成了柔和的背景，增添了画面的空间感，如图4-56所示。

图4-56

4.2.5 蒙版不透明度

　　蒙版和图层一样具有"不透明度"属性，"蒙版不透明度"代表蒙版对图层的影响程度，蒙版只影响"蒙版不透明度"大于0%时所对应的图层，"蒙版不透明度"越大则对图层的影响越大。在讲解蒙版羽化的用法时，实际上也是通过修改蒙版边缘的"蒙版不透明度"来实现柔和的效果。设置矩形的"蒙版不透明度"为50%，矩形的不透明度也变成了50%（Alpha通道值为128），如图4-57所示。

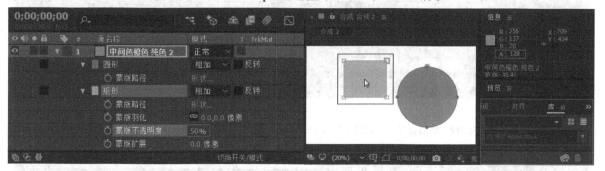

图4-57

　　知识点：像素的不透明度

　　修改"蒙版不透明度"后，部分像素的不透明度发生了改变，但是要注意图层本身的"不透明度"属性并没有发生改变。这是因为像素的不透明度是由图层的不透明度、蒙版及其他效果共同决定的，某一处的不透明度属性值不等于最终的像素的不透明度结果。

4.2.6 蒙版扩张

　　蒙版扩张（在After Effects 2020版本中翻译为蒙版扩展）用于扩张或收缩蒙版作用范围。在原理上，蒙版扩张同样是通过更改蒙版的一部分不透明度来改变图层的显示程度或区域，改变"蒙版扩展"属性并不会影响蒙版路径。设置蒙版的"蒙版扩展"属性值为100像素，可见该属性对矩形蒙版的影响范围超出了其路径范围，如图4-58所示。

图4-58

　　知识点：用蒙版扩张制作平滑的转场

　　按快捷键Ctrl+Y新建一个纯色图层，并设置"颜色"为青色，然后使用"椭圆工具"▢绘制一个椭圆形。选中纯色图层，然后双击形状工具，即可自动建立与图层大小契合的椭圆蒙版，如图4-59所示。

图4-59

将时间指示器移动到第0秒，单击"蒙版羽化"和"蒙版扩展"左侧的秒表按钮○激活其关键帧，并设置"蒙版扩展"属性值为500像素，如图4-60所示。

图4-60

将时间指示器移动到第2秒，然后设置"蒙版羽化"为（500,500）像素，"蒙版扩展"为-500像素，这时平滑转场制作完成。图层颜色由四周向中心逐渐消散，实现类似溶解的平滑过渡效果，如图4-61所示。

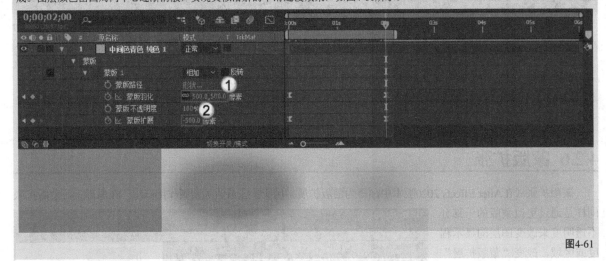

图4-61

4.3 遮罩效果

与蒙版不同，遮罩是通过其他图层对本图层的不透明度进行改变，从而对图层的显示范围进行影响，便于实现复杂或动态范围的动画效果。

本节内容介绍

名称	作用	重要程度
创建遮罩	添加和修改遮罩	高
遮罩类型	应用不同的遮罩模式	高

4.3.1 课堂案例：水墨显现动画

素材位置	素材文件>CH04>课堂案例：水墨显现动画
实例位置	实例文件>CH04>课堂案例：水墨显现动画
在线视频	课堂案例：水墨显现动画.mp4
学习目标	掌握遮罩的用法

扫码观看视频

本例制作的动画静帧图如图4-62所示。

图4-62

01 创建一个合成，并将其命名为"水墨图案"。导入素材"素材文件>CH04>课堂案例：水墨显现动画>景观.jpg、水墨.mov"，将其拖曳到合成中作为图片图层和视频图层，如图4-63所示。

02 将"景观.jpg"图层移动到"水墨.mov"图层的下一层，然后单击鼠标右键并选择"变换>适合复合高度"选项，如图4-64所示，将图层缩放到与图像高度和合成高度同等大小，效果如图4-65所示。

图4-63

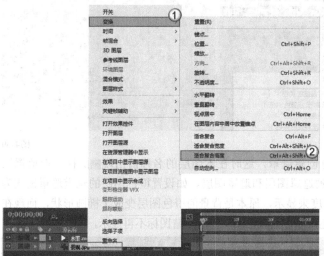

图4-64

图4-65

03 设置"景观.jpg"图层的轨道遮罩模式为"Alpha"遮罩，效果如图4-66所示（图示为时间指示器在第1秒时的画面）。

图4-66

04 按快捷键Ctrl+Y创建一个纯色图层，并设置"颜色"为白色。最后将新建立的纯色图层放置在底层，使其作为背景，如图4-67所示。

图4-67

05 单击"播放"按钮▶，观看制作好的水墨图案动画，该动画的静帧图如图4-68所示。

4.3.2　创建遮罩

遮罩是通过其他图层来影响本图层的不透明度，所以创建遮罩需要被修改的图层和遮罩图层共两个图层。当一个图层上有其他图层时，可以在"轨道遮罩"属性列（TrkMat）将位于其上一层的图层设置为遮罩，如图4-69所示。

图4-69

选择轨道遮罩子菜单中的任意一个选项即可创建遮罩，这时在本图层的名称前出现■图标，而遮罩图层的名称前则出现■图标，表示两个图层分别为被遮罩图层和遮罩图层。如设置橙色图层的轨道遮罩模式为"Alpha"，这时橙色图层会根据蓝色图层的透明度来显示，原本是背景的橙色图层变成了椭圆形状，而现在的背景则显示为白色（合成的底色），同时我们还可以看到蓝色图层前的眼睛图标不再显示，如图4-70所示。

图4-70

4.3.3　遮罩类型

当一个图层作为遮罩时，它是通过该图层的不透明度或亮度决定对被遮罩图层的影响程度，我们也把它叫作轨道遮罩，包括Alpha类遮罩和亮度类遮罩。这是两种不同的应用模式，因此两种遮罩的使用场景各不相同。在理解遮罩的原理之前，我们需要明白透明度和不透明度作用于图层的效果，即"不透明度越高=透明度越低=图片越清晰，不透明度越低=透明度越高=图片越不清晰"，此刻遮罩层透过自身能够显示出的图像的清晰程度即为透显程度，不同的透显程度可显示出不同的图像效果，如图4-71所示。

图4-71

1.Alpha类遮罩

　　Alpha类遮罩读取的是遮罩层的不透明度信息，包括"Alpha"遮罩和"Alpha反转"遮罩。选择"Alpha"遮罩时，遮罩图层的Alpha通道值为100%时被遮罩图层不透明，Alpha通道值为0%时被遮罩图层全透明；"Alpha反转"遮罩则正好相反，遮罩图层的Alpha通道值为0%时被遮罩图层不透明，Alpha通道值为100%时被遮罩图层全透明，效果如图4-72所示。

　　由此可见，遮罩层的不透明度和图像的透显程度成正比的关系，不透明度值越高，显示的内容越清晰，我们也可以理解为遮罩层的透明度越低（最低为0%），显示的内容越清晰。

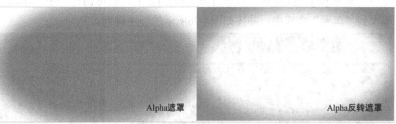

Alpha遮罩　　　　　　　　　Alpha反转遮罩

图4-72

2.亮度类遮罩

　　与Alpha类遮罩不同，亮度类遮罩读取的是遮罩层的亮度（明度）信息，即白色部分（亮度为255）的透显程度最高，此时图片最清晰；黑色部分（亮度为0）的透显程度最低，此时图片完全不显示；灰色部分（亮度为255/2=127.5）的透显程度为原图的一半，介于前两者之间。也就是说，遮罩层的亮度值越大，显示出的图片就越亮、越清晰，反之就越暗，效果如图4-73所示。

图4-73

　　亮度类遮罩包括"亮度"遮罩和"亮度反转"遮罩。选择"亮度"遮罩时，遮罩图层的亮度值为100%（最大）时被遮罩图层不透明，亮度值为0%（最小）时被遮罩图层全透明；"亮度反转遮罩"与之相反，遮罩图层的亮度值为0%时被遮罩图层为不透明，遮罩图层亮度值为100%时被遮罩图层为全透明，效果如图4-74所示。

亮度遮罩　　　　　　　　　亮度反转遮罩

图4-74

4.4 课堂练习

为了让读者对蒙版和遮罩的用法理解得更加透彻，这里准备了3个练习供读者学习，如有不明白的地方可以观看在线视频。

4.4.1 课堂练习：车窗风景动画

素材位置	素材文件>CH04>课堂练习：车窗风景动画
实例位置	实例文件>CH04>课堂练习：车窗风景动画
在线视频	课堂练习：车窗风景动画.mp4
学习目标	掌握用遮罩制作背景移动的方法

扫码观看视频

本例制作的动画静帧图如图4-75所示。

图4-75

01 导入图片素材"素材文件>CH04>课堂练习：车窗风景动画>车厢.png、窗外风景遮罩.png、风景.png"，并将"车厢.png"拖曳到"新建合成"按钮 上，即可创建一个"车厢"合成，然后将其他两个图片素材也拖曳到"车厢"合成中，并按如图4-76所示的顺序排列。

图4-76

02 选中"风景.png"图层，设置该图层的轨道遮罩模式为"Alpha遮罩'窗外风景遮罩.png'"，如图4-77所示。

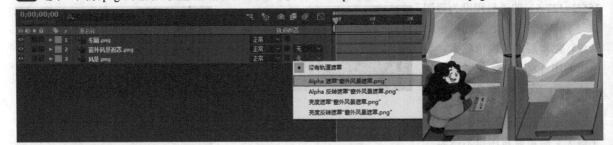

图4-77

03 制作出窗外景色运动的效果。选中"风景.png"图层，按P键调出"位置"属性。将时间指示器移动到第0秒，设置该属性值为（300,800），单击左侧的秒表按钮 激活其关键帧，如图4-78所示；将时间指示器移动到第2秒，设置该属性值为（2000,800），如图4-79所示。

图4-78

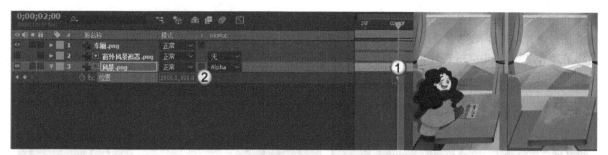

图4-79

04 单击"播放"按钮▶，观看制作好的车窗风景动画，该动画的静帧图如图4-80所示。

图4-80

4.4.2 课堂练习：滑动平板动画

素材位置	素材文件>CH04>课堂练习：滑动平板动画
实例位置	实例文件>CH04>课堂练习：滑动平板动画
在线视频	课堂练习：滑动平板动画.mp4
学习目标	掌握用遮罩制作图片滑动动画的方法

扫码观看视频

本例制作的动画静帧图如图4-81所示。

图4-81

01 导入本书学习资源中的图片素材"素材文件>CH04>课堂练习：滑动平板动画>平板屏幕.ai"，导入时选择"导入为"为"合成–保持图层大小"，即可自动根据素材创建"平板屏幕"合成。导入"春分.jpg""冬至.jpg""秋分.jpg"3个图片素材，并将其拖曳到合成中，如图4-82所示。

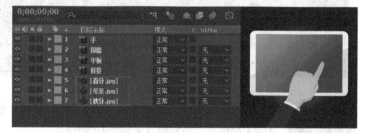

图4-82

02 同时选中3个图片图层，按S键调出"缩放"属性并设置属性值为（60%,60%），如图4-83所示。

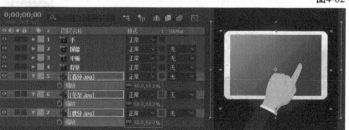

图4-83

03 单击"春分.jpg""冬至.jpg""秋分.jpg"图层左侧的■图标激活3个图片图层的"独奏"属性，在"合成"面板中暂时只显示这3个图片图层，如图4-84所示。

04 在"合成"面板中将3个图片邻接排列，图片之间可以有少许的重叠，但是不要出现空隙，效果如图4-85所示。

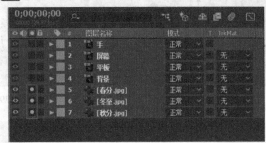

图4-84　　　　　　　　　　　　　　　　　　　　　　　　　　　　图4-85

05 取消选择的3个图片图层的"独奏"属性，然后同时选中这3个图层，单击鼠标右键并选择"预合成"选项，将其合并到一个预合成中，如图4-86所示。

图4-86

06 将"预合成1"移动到"屏幕"图层的下一层，并设置轨道遮罩模式为"Alpha"遮罩，如图4-87所示。

图4-87

07 双击"预合成1"图层，然后执行"合成>合成设置"菜单命令，设置"宽度"为6000px，单击"确定"按钮 **确定**，如图4-88所示，得到的效果如图4-89所示。

图4-88

图4-89

08 回到"平板屏幕"合成中，选中"预合成1"，按P键调出"位置"属性。将时间指示器移动到第0秒，设置该属性值为（2600,1000），单击左侧的秒表按钮◎激活其关键帧，如图4-90所示；将时间指示器移动到第2秒，设置该属性值为（﹣650,1000），如图4-91所示。

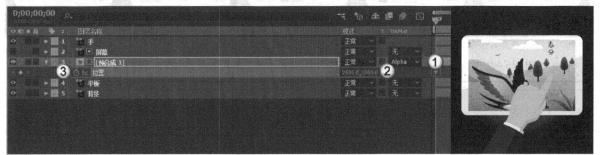

图4-90

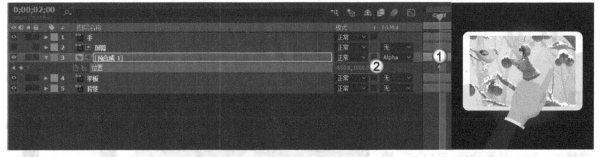

图4-91

09 制作手部的动画，使手部出现向左滑动的动作。选中"手"图层，按P键调出"位置"属性。将时间指示器移动到0:00f，单击左侧的秒表按钮◎激活关键帧，如图4-92所示；将时间指示器移动到10f，设置该属性值为（240,2000），如图4-93所示。

图4-92

图4-93

10 单击"播放"按钮▶，观看制作好的滑动平板动画，该动画的静帧图如图4-94所示。

图4-94

4.4.3 课堂练习：Logo转场动画

素材位置	素材文件>CH04>课堂练习：Logo转场动画
实例位置	实例文件>CH04>课堂练习：Logo转场动画
在线视频	课堂练习：Logo转场动画.mp4
学习目标	掌握用蒙版制作转场动画的方法

本例制作的动画静帧图如图4-95所示。

图4-95

01 创建一个合成，并将其命名为"Logo转场"。导入本书学习资源中的图片素材"素材文件>CH04>课堂练习：Logo转场动画>双11.ai、购物.jpg"，然后将其拖曳到合成中，如图4-96所示。

图4-96

02 导入的图层的尺寸过大，因此选中"双11.ai"图层，然后单击鼠标右键并选择"变换>适合复合高度"选项，将图层缩放到与图片高度和合成高度同等大小，效果如图4-97所示。

03 使用"钢笔工具"▲沿Logo的外边缘绘制一条蒙版路径，在Logo边缘的圆角处尽量设置更多的蒙版路径锚点，以便调整控制柄，使蒙版路径尽可能贴合Logo，如图4-98所示。

图4-97

图4-98

04 选中"购物.jpg"图层，单击鼠标右键并选择"变换>适合复合宽度"选项，将图层缩放到与图片高度和合成高度同等大小，效果如图4-99所示。

图4-99

05 转场部分的动画制作。选中"双11.ai"图层，按快捷键Ctrl+D创建一个副本，然后选中副本，按回车键对其重命名为"双11.ai-副本"，如图4-100所示。

图4-100

06 选中"双11.ai"图层，按M键调出"蒙版"属性，将"蒙版1"的蒙版叠加模式设置为"相减"，如图4-101所示。

图4-101

07 选中"双11.ai"图层及其副本，按S键调出"缩放"属性，激活任意一个"双11.ai"图层下的"缩放"属性，即可同时激活两个图层的"缩放"属性的关键帧，如图4-102所示。

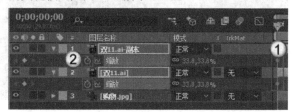

图4-102

08 将时间指示器移动到2:00f，同时选中"双11.ai"图层及其副本，设置任意一个的"缩放"属性值为（100%,100%），如图4-103所示。

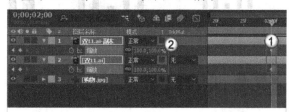

图4-103

09 将时间指示器移动到15f，设置"蒙版不透明度"为100%，单击左侧的秒表按钮激活其关键帧，如图4-104所示；将时间指示器移动到1:00f，设置其属性值为0%，如图4-105所示。

图4-104

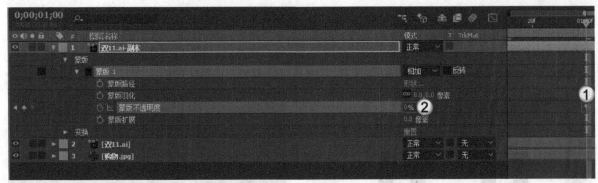

图4-105

10 单击"播放"按钮▶，观看制作好的Logo转场动画，该动画的静帧图如图4-106所示。

图4-106

4.5 课后习题

为了巩固前面学习的知识，下面安排两个习题供读者课后练习。

4.5.1 课后习题：容器液体效果

素材位置	素材文件>CH04>课后习题：容器液体效果
实例位置	实例文件>CH04>课后习题：容器液体效果
在线视频	课后习题：容器液体效果.mp4
学习目标	熟练掌握蒙版的用法

本例制作的动画静帧图如图4-107所示。液体动画使用到遮罩效果，同时，画面中的文字会随着水面的上升改变颜色，此时也用到了遮罩效果。

图4-107

4.5.2 课后习题：分屏动画

素材位置	素材文件>CH04>课后习题：分屏动画
实例位置	实例文件>CH04>课后习题：分屏动画
在线视频	课后习题：分屏动画.mp4
学习目标	熟练掌握遮罩的用法

本例制作的动画静帧图如图4-108所示。读者需要对作为遮罩的图层制作"旋转"属性动画。

图4-108

第5章

表达式动画

当我们想创建一段比较复杂的动画，但又不想创建几十个甚至更多的关键帧时，常常会使用After Effects中的表达式。表达式是一小段代码，将表达式插入我们制作的项目中，系统便能自动计算出图层在某个时间点的属性值。这就使得MG动画的制作难度大大降低了，并且我们还能制作出关键帧动画所达不到的效果。

课堂学习目标

- 理解不同的表达式所代表的意义
- 使用常用表达式制作动画
- 使用动态链接制作动画

5.1 表达式概述

After Effects中的表达式是基于标准的JavaScript语言开发的用于制作高级效果功能的运算式，通过设置动画预设的方式将一个或多个特效的设置保存起来，同时也保存了关键帧及特效中所使用的表达式。因此我们不必了解JavaScript语言基础，只需要了解一些常用的表达式和动态链接就可以满足大部分MG动画的制作需求了。

本节内容介绍

名称	作用	重要程度
激活表达式	通过编写表达式修改属性值	高
显示表达式结果	显示不同时刻表达式所计算的结果（包括值曲线和速度曲线）	高

5.1.1 激活表达式

如图5-1所示，右侧框内的字符就是"不透明度"属性的表达式。在激活表达式后，有时属性本身的值就不再起作用了，而是根据表达式的计算结果来显示图层（图中"不透明度"属性值仍为默认的100%）。一些表达式则是作用在原本的属性值上，如wiggle表达式是在原本的属性值的基础上添加随机扰动。

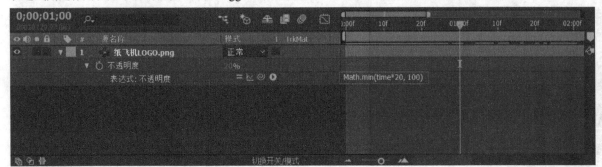

图5-1

选中图层的某一个属性，按快捷键Shift+Alt++或按住Alt键并单击属性左侧的秒表按钮，即可完成表达式的添加，这时时间轴面板的右侧出现带有表达式的文本框，如图5-2所示。表达式行中的4个图标是编辑表达式的辅助工具，我们将在后面逐一进行讲解。

启用表达式　　表达式语言菜单
表达式关联器（将参考插入目标）
显示后表达式图表

图5-2

 提示 同理，选中带有表达式的属性后，再次按快捷键Shift+Alt++或按住Alt键并单击属性左侧的秒表按钮即可取消表达式。

单击表达式文字所在的文本框进入编辑状态（激活表达式后默认进入可编辑状态），如图5-3所示，此时可以在文本框内输入由字符编写的表达式。在表达式编辑完成后，单击表达式文本框外部的任意一点或按Enter键均可结束可编辑模式，从而完成一小段表达式的输入。

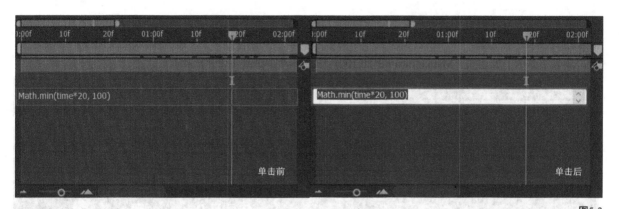

图5-3

提示　单击"表达式语言菜单"按钮 ▶，也可以快捷地在输入符号处添加After Effects中预置的函数或变量，如添加代表图层宽度值的变量width，如图5-4和图5-5所示。

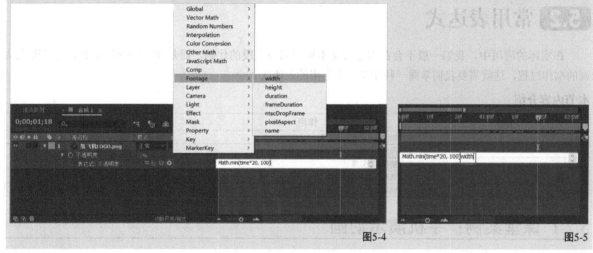

图5-4　　　　　　　　　　　　　　　　　　　　　　　　　　　图5-5

5.1.2 显示表达式结果

在启用表达式后，属性值将以红色显示，此时拖曳时间指示器可以观察在不同时刻表达式所计算的结果，如图5-6所示。

图5-6

提示　对单个值的属性来说（如"不透明度"），表达式结果就是一个单个的值；对多个值的属性来说（如"位置"），需要有多个分别对应的值（如"X位置"和"Y位置"，在制作三维类动画时还需要有对应的"Z位置"），这时表达式结果是用中括号括起的数值组，如[960,540]。

我们在前面还学习过图表编辑器的知识，通过该功能也能观察表达式的计算结果。单击属性中的"显示后表达式图表"按钮，在"图表编辑器"中可以看到表达式结果所对应的值曲线或速度曲线。如图5-7所示，图表中显示了表达式"Math.min(time*20,100)"的计算结果所对应的值曲线。

图5-7

5.2 常用表达式

在实际的应用中，我们一般不会在表达式文本框中编写大段的代码，而是通过一些简单的表达式简化动画的制作过程，这就需要我们掌握一些在工作中常用的表达式。

本节内容介绍

名称	作用	重要程度
time	快速制作和时间相关的效果	高
index	给不同的图层做出不同的效果	高
wiggle	制作随机摆动效果	高
random	生成随时间变化的随机值	高
loopOut	制作循环动画	高

5.2.1 课堂案例：手机演示动画

素材位置	素材文件>CH05>课堂案例：手机演示动画
实例位置	实例文件>CH05>课堂案例：手机演示动画
在线视频	课堂案例：手机演示动画.mp4
学习目标	认识表达式的作用、了解不同的表达式对属性值的影响

扫码观看视频

本例制作的动画静帧图如图5-8所示。

图5-8

01 导入本书学习资源中的图片素材"素材文件>CH05>课堂案例：手机演示动画>手机.ai"，导入时选择"导入为"为"合成–保持图层大小"，即可自动根据素材创建"手机"合成。选中"图层1"，然后使用"锚点工具"将锚点移动到手肘的位置，如图5-9所示。

图5-9

02 按R键调出"旋转"属性,按住Alt键并单击左侧的秒表按钮,然后在表达式文本框中输入表达式Math.cos(time*4)*15,使拿着手机的手随时间进行左右摆动,如图5-10所示。

03 选中"图层7""图层4""图层5"和"图层6",单击"对齐"面板中的"水平对齐"按钮和"垂直均匀分布"按钮,将4个形状移动到画面的中心,效果如图5-11所示。

图5-10

图5-11

提示 time指的是时间秒数,所以Math.cos(time*4)*15的含义是4倍时间秒数的余弦函数值乘以15。

04 让4个形状随着手的摆动发生一些有趣的运动,制作出广告效果。选中"图层7""图层4""图层5"和"图层6",按P键调出这些图层的"位置"属性,并分别激活它们的表达式,然后分别在"图层7""图层4""图层5"和"图层6"的表达文本框中输入以下表达式,使这4个图层绕画面中心以半径为900像素的距离进行旋转,如图5-12所示。

```
a=time+2.3
r=900
transform.position+[Math.cos(a)*r,Math.sin(a)*r] (图层7)
a=time+1.2
r=900
transform.position+[Math.cos(a)*r,Math.sin(a)*r] (图层4)
a=time
r=900
transform.position+[Math.cos(a)*r,Math.sin(a)*r] (图层5)
a=time+3.5
r=900
transform.position+[Math.cos(a)*r,Math.sin(a)*r] (图层6)
```

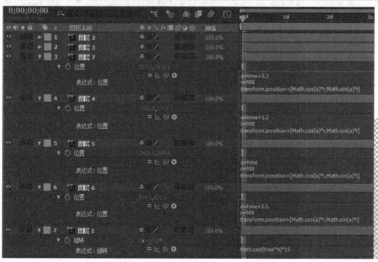

提示 可以看到,以上4组表达式中都有变量a的正弦函数和余弦函数,而每组表达式中的变量a都与时间变量time相关,如此便达到了让4个图层绕着画面中心旋转的效果。

图5-12

05 选中"图层2"，然后使用"锚点工具"❖将锚点移动到灯泡的底部，如图5-13所示。

06 选中"图层2"，按S键调出"缩放"属性。将时间指示器移动到0:00f，并设置该属性值为（0%,0%），单击左侧的秒表按钮❷激活其关键帧，如图5-14所示；将时间指示器移动到1:00f，并设置"缩放"为（100%,100%），让灯泡在画面中从小变大，如图5-15所示。

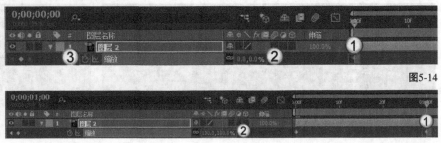

图5-14

图5-13   图5-15

07 选中"图层2"，按T键调出"不透明度"属性。将时间指示器移动到20f，然后单击左侧的秒表按钮❷激活其关键帧；接着将时间指示器移动到1:05f，并设置"不透明度"为0%，让灯泡在画面中逐渐淡出，如图5-16所示。

08 背景图层旋转后，需要将空白部分进行填充。按快捷键Ctrl+Y创建一个纯色图层，并设置"颜色"为橙色（R:226，G:93，B:48），将其放置在最底层，如图5-17所示。

图5-16   图5-17

09 单击"播放"按钮▶，观看制作好的手机演示动画，该动画的静帧图如图5-18所示。

图5-18

5.2.2 time（时间）

time是指第几秒。如当时间为1s时，time的变量值为1；当时间为3s时，time的变量值为3。也就是说time的值随时间线的变化而变化。将"旋转"属性的表达式设置为time*90，可以看到在时间指示器移动到第0秒和第1秒时，表达式的结果分别为0x + 0°和0x + 90°，如图5-19和图5-20所示。

图5-19

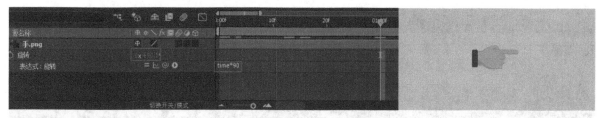

图5-20

提示 一般常用代表当前时间的time变量来快速制作一些和时间相关的动画效果，如时钟的指针转动或物体下落，省去了手动设置关键帧数值的操作过程。

5.2.3 index（索引）

index对应的是图层在合成中的顺序，如当图层序号为2时，index函数的变量值就为2。每一个图层都有自己对应的序号，根据图层序号不同，我们可以为不同的图层做出不同的效果。将每个图层的"旋转"属性的表达式设置为index*60，当图层的序号为1、2、3时，表达式的结果分别为60°、120°、180°，如图5-21所示。

图5-21

5.2.4 wiggle（摇摆）

wiggle(freq,amp,……)是制作随机摆动效果的预置函数。wiggle函数一般包含两个参数，分别为代表摆动频率（即1s摆动多少次）的参数freq和代表摆动最大幅度的参数amp。这种表达式常见于制作类似气泡的轻微摆动的效果，如图5-22所示，气泡在水中浮动时，一边在平缓地上升，一边在进行微小的摆动。

图5-22

气泡只在水中进行竖直方向上的运动，所以只需要控制"位置"属性在y轴上的变量。按P键调出"气泡.png"图层的"位置"属性，然后单击鼠标右键并选择"单独尺寸"选项，拆分出"X位置"和"Y位置"两个属性。将时间指示器移动到第3秒，激活"Y位置"的关键帧，设置该属性值为300，如图5-23所示；将时间指示器移动到第0秒，设置该属性值为900，如图5-24所示。

图5-23

图5-24

气泡的摆动是左右摆动，也就是说需要激活"X位置"属性的表达式，在表达式文本框中输入 wiggle(1,30)，为气泡添加一个缓慢且小幅度的摆动效果，如图5-25所示。从这个例子中可以看出气泡在上升的过程中一共摆动了3次。

图5-25

 提示　可将视频尺寸稍微放大一些，以减少因为抖动而导致的黑边现象。

5.2.5　random（随机数）

random()是产生随机数的预置函数。random()函数可以生成随时间变化的随机值，值的大小默认在0~1。常常搭配+运算和*运算，如random()+3或是random()*5，以表示在一定范围内的随机数。random(300)+500表示500~800范围内的随机值，如图5-26和图5-27所示。

图5-26

图5-27

5.2.6 loopOut（循环）

loopOut()是制作循环动画的预置函数。loopOut函数需要结合关键帧使用，在不输入任何参数的情况下，loopOut函数会循环已设置的所有关键帧。在"图表编辑器"中，实线部分为关键帧部分，虚线部分为loopOut生成部分，可以看到loopOut函数根据原有的关键帧自动生成了后续的属性值，如图5-28所示。

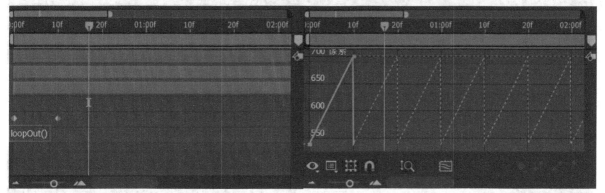

图5-28

循环动画是MG动画中常见的一种类型，下面通过一个例子对循环动画的原理进行讲解。如图5-29所示，信号灯按绿、黄、红的顺序进行循环变化。

图5-29

在第0秒时只有绿灯亮。选择"红灯.png""黄灯.png""绿灯.png"图层，按T键调出这3个图层的"不透明度"属性，并设置"红灯.png""黄灯.png""绿灯.png"图层的"不透明度"属性值分别为0%、0%和100%，然后激活它们的关键帧，如图5-30所示。

图5-30

在第1秒时只有黄灯亮。将时间指示器移动到第1秒，设置"红灯.png""黄灯.png""绿灯.png"图层的"不透明度"属性值分别为0%、100%和0%，如图5-31所示。

图5-31

　　在第2秒时只有红灯亮。将时间指示器移动到第2秒，设置"红灯.png""黄灯.png""绿灯.png"图层的"不透明度"属性值分别为100%、0%和0%，如图5-32所示。

图5-32

　　从第3秒开始指示灯回到第0秒时的效果。选中"红灯.png"图层在第0秒的"不透明度"关键帧，按快捷键Ctrl+C进行复制，将时间指示器移动到第3秒，然后按快捷键Ctrl+V进行粘贴，接着对"黄灯.png"和"绿灯.png"图层也进行相同的操作，如图5-33所示。

图5-33

　　用循环表达式使动画按顺序循环变化。选中"红灯.png"图层，按住Alt键单击"不透明度"属性左侧的秒表按钮激活表达式，然后输入"loopOut()"，接着对"黄灯.png"和"绿灯.png"图层进行相同的操作，如图5-34所示。从这个例子中可以说明使用loopOut()表达式制作循环动画的便捷。

图5-34

5.3 函数菜单

　　除了一些预置好的变量和函数外，After Effects还提供了表达式函数菜单功能，帮助我们便捷地添加表达式。函数菜单共有17栏，每一栏内的表达式都有着相似的特性。一些栏目内的表达式比较简单而且常用，一些栏目的表达式则较为复杂。本节将会简单介绍函数菜单中部分常用栏目内表达式的作用。

本节内容介绍

名称	作用	重要程度
Global	添加通用变量和函数	高

续表

名称	作用	重要程度
Comp	添加合成类的函数或属性	中
Random Numbers	添加用于生成随机数的函数	中
Interpolation	添加用于线性或平滑差值的函数	低
Color Conversion	添加用于颜色格式转换的函数	低
其他数学表达式	添加用于角度转换的函数	低
JavaScript Math	添加常用的数学函数	高

5.3.1 课堂案例：城市标志动画

素材位置	素材文件>CH05>课堂案例：城市标志动画	
实例位置	实例文件>CH05>课堂案例：城市标志动画	
在线视频	课堂案例：城市标志动画.mp4	
学习目标	掌握表达式的用法，并学会制作循环动画	

扫码观看视频

本例制作的动画静帧图如图5-35所示。

图5-35

01 导入图片素材"素材文件>CH05>课堂案例：城市标志动画>城市标志.ai"，导入时选择"导入为"为"合成–保持图层大小"，即可自动根据素材创建"城市标志"合成。选中"图层3"，然后使用"锚点工具"▣将锚点移动到红色标志的底部，如图5-36所示。

02 按R键调出"图层3"的"旋转"属性，按住Alt键并单击左侧的秒表按钮◉，然后在表达式文本框中输入wiggle(2,8)，使红色标志随时间轻微摆动，如图5-37所示。

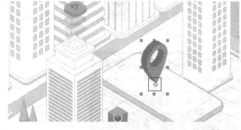

图5-36

图5-37

03 按P键调出"位置"属性，按住Alt键后单击左侧的秒表按钮◉，然后在表达式文本框中输入transform.position-[0,Math.sin(time*5)*30]，使红色标志上下跳动，如图5-38所示。

图5-38

提示 在表达式中，transform.position代表本图层的"变换>位置"属性，其值为[x坐标值, y坐标值]，在减去[0,Math.sin(time*5)*30]后，就相当于将x坐标值减去0，将y坐标值减去Math.sin(time*5)*30。Math.sin(time*5)*30表达式的含义我们已经学过，即5倍时间秒数的正弦函数的30倍。

04 使用"椭圆工具" ⬤ 在红色标志的底部绘制一个扁平的椭圆形，不使用填充，然后设置"描边颜色"为浅蓝色（R:170，G:190，B:210），"描边宽度"为12像素。最后选中新建立的形状图层，按快捷键Ctrl+Alt+Home将锚点移动到形状的中心，效果如图5-39所示。

图5-39

05 选中"形状图层1"，按S键调出"缩放"属性。将时间指示器移动到0:00f，设置该属性值为（0%,0%），并单击左侧的秒表按钮 ⏱ 激活关键帧，如图5-40所示；将时间指示器移动到5f，设置该属性值为（80%,80%），如图5-41所示；将时间指示器移动到27f，设置该属性值为（100%,100%），如图5-42所示。

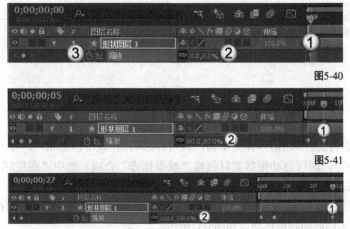

图5-40

图5-41

图5-42

06 全选"形状图层1"中的所有关键帧，按F9键将其转换为缓动关键帧，再单独选择中间的关键帧，按住Ctrl键后单击两次该关键帧，将其转换为圆形关键帧，如图5-43所示。

图5-43

07 按住Alt键并单击左侧的秒表按钮 ⏱ ，然后在表达式文本框中输入loopOut()，使椭圆形的缩放动画循环播放，如图5-44所示。

图5-44

08 选中"形状图层1"，按T键调出"不透明度"属性。将时间指示器移动到第3个关键帧处（27f），设置该属性值为0%，然后单击左侧的秒表按钮◎激活其关键帧，如图5-45所示；将时间指示器移动到20f，设置"不透明度"为100%，如图5-46所示；将时间指示器移动到0:00f，设置"不透明度"为20%，使椭圆形在缩放同时闪烁，如图5-47所示。

图5-45

图5-46

图5-47

09 按住Alt键后单击左侧的秒表按钮◎，然后在表达式文本框中输入loopOut()，使椭圆形的不透明度动画循环播放，制作出水面波纹的效果，如图5-48所示。

图5-48

10 将"形状图层1"移动到"图层3"的下一层，单击"播放"按钮▶，观看制作好的城市标志动画，该动画的静帧图如图5-49所示。

图5-49

5.3.2　Global（全局表达式）

　　全局表达式栏中包含一些预先定义好的通用变量和函数，其中我们可以看到前文讲到的time函数，如图5-50所示。

```
comp(name)
footage(name)
thisComp
time
colorDepth
posterizeTime(framesPerSecond)
timeToFrames(t = time + thisComp.displayStartTime, fps = 1.0 / thisComp.frameDuration, isDuration = false)
framesToTime(frames, fps = 1.0 / thisComp.frameDuration)
timeToTimecode(t = time + thisComp.displayStartTime, timecodeBase = 30, isDuration = false)
timeToNTSCTimecode(t = time + thisComp.displayStartTime, ntscDropFrame = false, isDuration = false)
timeToFeetAndFrames(t = time + thisComp.displayStartTime, fps = 1.0 / thisComp.frameDuration, framesPerFoot = 16, isDuration = false)
timeToCurrentFormat(t = time + thisComp.displayStartTime, fps = 1.0 / thisComp.frameDuration, isDuration = false, ntscDropFrame = thisComp.ntscDropFrame)
```

图5-50

重要表达式介绍

Comp：comp(name)获取名称为name的合成。

Footage：footage(name)获取名称为name的素材，如footage("纸飞机Logo.png").height表示获取"纸飞机Logo.png"的高度。

thisComp：thisComp获取当前合成，如thisComp.layer(1)表示当前合成的第一个图层。

colorDepth：返回8或16（表示彩色深度数值），与在"项目设置"对话框中设置的色彩深度有关。

timeToFrames：timeToFrames(t=time+thisComp.displayStartTime,fps=1.0/thisComp.frameDuration,isDuration=false)函数值为当前时刻的帧数。

5.3.3 Comp（合成）

合成表达式栏中包含一些合成类的函数或属性，这些函数或属性必须接在代表合成的表达式后面才能正常作用，如comp("合成1").width指"合成1"中的宽度。Footage、Layer等栏内的表达式也是同样的道理，必须接在对应的类后面才能作用，如图5-51所示。

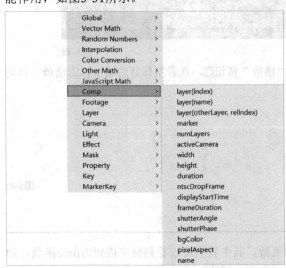

图5-51

重要表达式介绍

layer：layer(index)获取序号为index的图层。

layer：layer(name)获取合成内名称为name的图层。

numLayers：numLayers表示合成内的图层数量。

width：width表示合成的宽度。

height：height表示合成的高度。

duration：duration表示合成的持续时间。

bgColor：bgColor表示合成的背景颜色。

name：name表示合成的名称。

5.3.4 Random Numbers（随机数表达式）

随机数表达式栏内包含一些用于生成随机数的函数，比如我们之前学到的random()，如图5-52所示。

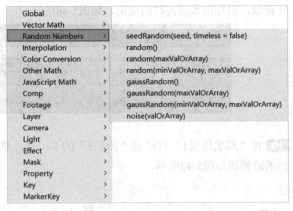

图5-52

重要表达式介绍

seedRandom：seedRandom(seed,timeless=false)通过设置不同的随机种子让random函数有不同的取值。

random：random()返回0~1的一个随机数。

random：random(maxValOrArray)向函数输入一个数值或一个数组。输入一个数值，即maxVal时，返回0~maxVal间的随机数；输入一个数组，即maxArray时，返回与

maxArray相同维度的数组，数组的每个元素在0~maxArray之间，如random([2,3])的返回范围分别在0~2和0~3的两个随机数组成的数组。

gaussRandom：与random函数的使用方式相同，不同点在于gaussRandom()函数的输出值符合高斯随机分布。

noise：noise(maxValOrArray)可产生不随时间变化的随机数。

5.3.5 Interpolation（插值表达式）

插值表达式栏内包含一些线性或平滑差值的函数，如图5-53所示。

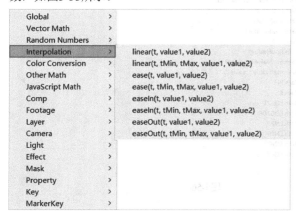

图5-53

重要表达式介绍

linear：linear(t,value1,value2)当t的范围在0~1时，返回一个从value1~value2的线性插值结果；当t≤0时返回value1；当t≥1时返回value2。

linear：linear(t,tMin,tMax,value1,value2)当t的范围在tMin~tMax时，返回一个从value1~value2的线性插值结果；当t≤tMin时返回value1；当t≥tMax时返回value2。

ease：与linear函数用法相同，但在value1和value2附近的差值会变化得非常平缓，使用ease可以制作非常平滑的动画。

easeIn：与linear函数用法相同，但是只有在value1附近的差值变平滑，在value2附近的差值仍为线性。

easeOut：与linear函数用法相同，但是只有在value2附近的差值变平滑，在value1附近的差值仍为线性。

5.3.6 Color Conversion（颜色转换表达式）

颜色转换表达式栏内提供了两种用于颜色格式转换的函数，如图5-54所示。

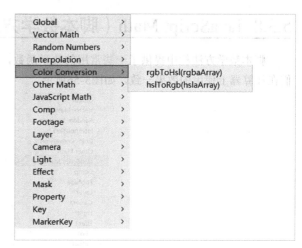

图5-54

重要表达式介绍

rgbToHsl：rgbToHsl(rgbaArray)是将RGBA彩色空间转换到HSLA彩色空间。输入R、G、B和Alpha通道值组成的数组，它们的范围都为0~1。函数输出的是一个指定色调、饱和度、亮度和透明度的数组，它们的范围同样为0~1。

hslToRgb：hslToRgb(hslaArray)的操作与rgbToHsl相反，是将HSLA彩色空间转换到RGBA彩色空间。

5.3.7 其他数学表达式

其他数学表达式栏内包含两个用于角度转换的函数，如图5-55所示。

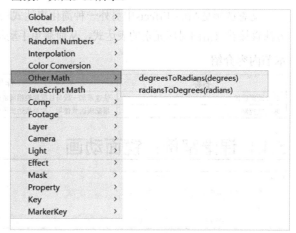

图5-55

重要表达式介绍

degreesToRadians：degreesToRadians(degrees)是将角度制转换到弧度制。

radiansToDegrees：radiansToDegrees(radians)是将弧度制转换到角度制。

5.3.8 JavaScript Math（脚本数学方法）

脚本数学方法栏中提供了一些常用的数学函数，如Math.cos()和Math.log()，这些函数的使用效果和我们在计算器上使用的效果一致，如图5-56所示。

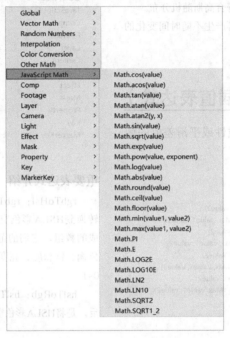

图5-56

5.4 动态链接

动态链接是After Effects中另外一种简化表达式的输入功能。简单来说，动态链接可以通过拖曳指向线的方法直接获取指向对应元素的表达式，从而避免手动输入大段代码。

本节内容介绍

名称	作用	重要程度
建立动态链接	快速添加一段与目标属性相同的表达式	高
表达式控制	搭配表达式使用，弥补表达式不便于随时间变化的缺陷	中

5.4.1 课堂案例：镜面动画

素材位置	素材文件>CH05>课堂案例：镜面动画
实例位置	实例文件>CH05>课堂案例：镜面动画
在线视频	课堂案例：镜面动画.mp4
学习目标	掌握动态链接的用法，认识相反的运动

本例制作的动画静帧图如图5-57所示。

图5-57

01 新建一个合成，并将其命名为"镜面"。导入学习资源中的图片素材"素材文件>CH05>课堂案例：镜面动画>镜
子.png、手.png"，将"镜
子.png"拖曳到合成中，并设
置"缩放"为（50%,50%），
然后将其拖曳到画面的右
侧，如图5-58所示。

图5-58

02 将"手.png"拖曳到
合成中，并设置"缩放"
为（5%,5%），然后将其
移动到镜子上，如图5-59
所示。

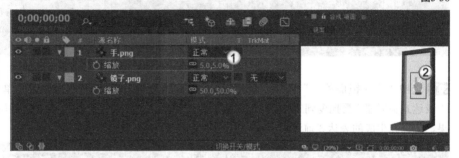

图5-59

03 使用"锚点工具"将"手.png"图层的锚点移动到手腕，然后将时间指
示器移动到第0秒，按R键调出"旋转"属性，单击左侧的秒表按钮激活其关
键帧，如图5-60所示。

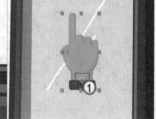

图5-60

04 分别将时间指示器移动到19f、1:22f和2:10f，并分别设置"旋转"为0x－19.8°、0x＋31°和0－0°，使手
左右摇摆，如图5-61和图5-62所示。

图5-61　　　　　　　　　　　　　　　　　图5-62

05 再次将"手.png"拖曳到合成中，同样"缩放"属性值为（5%,5%），并将其重命名为"手（镜面
外）"，然后将锚点的位置移动到手腕，如图5-63所示。

图5-63

06 按P键调出"手（镜面外）"图层的"位置"属性，单击鼠标右键并选择"单独尺寸"选项，拆分出"X位置"和"Y位置"。按住Alt键并单击"Y位置"左侧的秒表按钮，将"表达式关联器"拖曳到"手.png"图层中"位置"属性的y值，这样就能保证两只手在画面中的高度一致，如图5-64所示。

图5-64

07 选中"手（镜面外）"图层，按R键调出"旋转"属性，然后按住Alt键并单击左侧的秒表按钮，将"表达式关联器"拖曳到"手.png"图层的"旋转"属性。想要制作出镜中的手与镜外的手有相反的运动效果，可以在生成的表达式前添加-1*，以此实现镜面效果，如图5-65所示。

图5-65

08 选中"手.png"图层，然后单击"缩放"属性的"约束比例"按钮取消比例约束，并设置该属性值为（-5%,5%），"不透明度"为70%，让镜中的手实现反转并制作出半透明效果，如图5-66和图5-67所示。

图5-66   图5-67

09 导入图片素材"素材文件>CH05>课堂案例：镜面动画>房间.png"，然后将其拖曳到合成中，并将其放置在底层。接着按S键调出"缩放"属性，并设置该属性值为（185%,185%），如图5-68所示。

图5-68

10 单击"播放"按钮▶，观看制作好的镜面动画，该动画的静帧图如图5-69所示。

图5-69

5.4.2 建立动态链接

使用动态链接可以快速添加一段表达式，与父子关系的用法一样，动态链接也需要作用于两个图层。使用动态链接需要单击表达式行中的"表达式关联器"按钮◎，然后将其拖曳到目标素材、图层、属性或属性值处，表达式文本框内即会出现与指向元素相同的表达式，如图5-70所示。

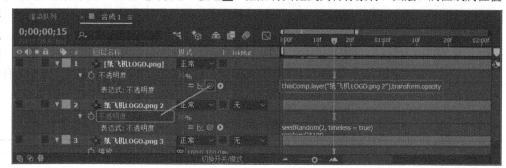

图5-70

5.4.3 表达式控制

表达式控制指的是After Effects提供的一类效果，这类效果不对作用的图层产生任何影响。在使用时一般为效果值设置关键帧，搭配表达式使用，弥补表达式不便于随时间变化的缺陷。除此之外，还可以将各个图层的属性链接到同一图层的不同表达式控制效果中，便于进行统一的调整。执行"效果>表达式控制"菜单命令，选择需要的选项，即可在"效果控件"面板中添加相应的效果，如图5-71所示。

图5-71

重要效果介绍

3D点控制： 生成一个三维的坐标。

点控制： 生成一个二维的坐标。

复选框控制： 生成一个复选框。通过复选框决定是否选中，即if、else等语法控制表达式。

滑块控制： 生成一个滑块值。在0~100范围内的值都可以通过拖曳滑块调整，在这个范围之外的值则需要手动输入。

角度控制： 生成一个角度制。

图层控制：添加效果后，效果指代一个图层。

颜色控制：生成一个颜色。

> **提示** 在"效果控件"面板中选中
> 函数后，按Enter键可以对函数的名称
> 重命名，如图5-72所示。对表达式控
> 制函数的名称合理地命名，可以防止
> 我们后面忘记添加效果的缘由。

图5-72

5.5 课堂练习

为了让读者对常用表达式的用法理解得更加透彻，这里准备了3个练习供读者学习，如有不明白的地方可以观看在线视频。

5.5.1 课堂练习：钟摆渐停动画

素材位置	素材文件>CH05>课堂练习：钟摆渐停动画
实例位置	实例文件>CH05>课堂练习：钟摆渐停动画
在线视频	课堂练习：钟摆渐停动画.mp4
学习目标	掌握表达式控制函数的使用方法

本例制作的动画静帧图如图5-73所示。

图5-73

01 新建一个合成，并将其命名为"钟摆"。导入本书学习资源中的图片素材"素材文件>CH05>课堂练习：钟摆渐停动画>钟.png、钟摆.png"，并将其拖曳到合成中，然后设置"钟.png"图层的"缩放"属性值为（20%,20%），如图5-74所示。

图5-74

02 改变两个图层的位置，设置"钟.png"图层的"位置"为（980,320），"钟摆.png"图层的"位置"为（990,445），并使用"锚点工具" 将"钟摆.png"图层的锚点移动到时钟的中心，让钟摆以时钟的中心为摆动的原点，如图5-75所示。

图5-75

03 选中"钟摆.png"图层，然后执行"效果>表达式控制>滑块控制"菜单命令，为钟摆添加滑块控制效果，为新增加的滑块效果的值添加关键帧。将时间指示器移动到第0秒，单击"滑块"左侧的秒表按钮◎激活其关键帧，并设置该属性值为30，如图5-76所示；将时间指示器移动到第2秒，并设置该属性值为0，如图5-77所示。

图5-76

图5-77

04 不使用快捷键，按住Alt键并单击"旋转"属性左侧的秒表按钮◎，然后单击"表达式语言菜单"按钮▶并选择"JavaScript Math>Math.sin(value)"选项，如图5-78所示。

图5-78

05 将表达式修改为Math.sin(3*time)*，代表3倍时间秒数的正弦值乘上一个数，这个数我们之后要通过"滑块控制"效果来添加。通过单击"表达式关联器"按钮◎获取"滑块控制"效果的"滑块"属性值，如图5-79所示，这时鼠标指针所在的位置会出现对应滑块属性值的表达式语句，如图5-80所示。

图5-79

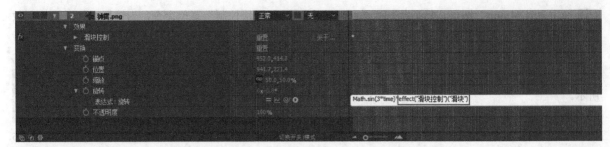

图5-80

06 导入学习资源中的图片素材"素材文件>CH05>课堂练习：钟摆渐停动画>背景.png"将其拖曳到合成中并放置在最下层，按S键展开"缩放"属性，设置该属性值为（40%,40%），效果如图5-81所示。

07 调整时钟的大小和位置使画面变得更加合理，如图5-82所示。

图5-81

图5-82

08 单击"播放"按钮▶，观看制作好的钟摆动画，可以看到钟摆的摆动幅度越来越小后渐渐停止，该动画的静帧图如图5-83所示。

图5-83

5.5.2 课堂练习：小船过河动画

素材位置	素材文件>CH05>课堂练习：小船过河动画
实例位置	实例文件>CH05>课堂练习：小船过河动画
在线视频	课堂练习：小船过河动画.mp4
学习目标	制作物体移动并摇摆的动画

扫码观看视频

本例制作的动画静帧图如图5-84所示。

图5-84

01 导入图片素材"素材文件>CH05>课堂练习：小船过河动画>春天水墨.ai"，导入时选择"导入为"为"合成–保持图层大小"，即可自动根据素材创建"春天水墨"合成，按快捷键Ctrl+Y创建一个纯色图层，并设置"颜色"为浅灰色（R:198，G:198，B:198），将其放置在底层，如图5-85所示。

02 选中"图层2"，使用"锚点工具"▦将锚点移动到船体底部的中央，如图5-86所示。

03 选中"图层4"，使用"锚点工具"▦将锚点移动到与步骤02相同的位置，如图5-87所示。

| 图5-85 | 图5-86 | 图5-87 |

04 按V键切换回"选取工具"模式，然后选中"图层2"，按P键调出"位置"属性。将时间指示器移动到第0秒，单击左侧的秒表按钮◎激活其关键帧，如图5-88所示；将时间指示器移动到第2秒，并设置"位置"为（5015,3315），使小船缓缓向右漂动，如图5-89所示。

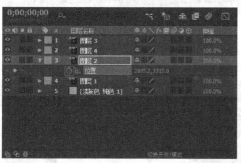
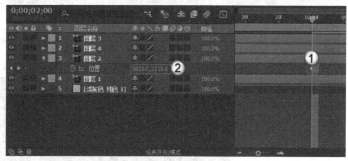

| 图5-88 | 图5-89 |

05 将时间指示器移动到第0秒，然后选中"图层4"，按P键调出"位置"属性，按住Alt键并单击左侧的秒表按钮◎，接着将"表达式关联器"◎拖曳到"图层2"的"位置"属性，让"图层4"的"位置"属性值始终与"图层2"的"位置"属性值相同，如图5-90和图5-91所示。

| 图5-90 | 图5-91 |

06 选中"图层2"，按住Alt键并单击"位置"属性左侧的秒表按钮◎，然后在表达式文本框中输入wiggle(2,30)，使小船在向右漂动的过程有轻微的晃动，如图5-92所示。

图5-92

07 单击"播放"按钮▶，观看制作好的小船过河动画，该动画的静帧图如图5-93所示。

图5-93

5.5.3 课堂练习：缆车加速下落动画

素材位置　素材文件>CH05>课堂练习：缆车加速下落动画
实例位置　实例文件>CH05>课堂练习：缆车加速下落动画
在线视频　课堂练习：缆车加速下落动画.mp4
学习目标　制作物体加速下落并摇摆的动画

本例制作的动画静帧图如图5-94所示。

图5-94

01 创建一个合成，并将其命名为"缆车"。导入图片素材"素材文件>CH05>课堂练习：缆车加速下落动画>前景.png、缆车.png、缆车背景.png"，并将3个素材拖曳到合成中，最后将"缆车.png"图层移动到钢索的左上角，如图5-95所示。

图5-95

02 使用"锚点工具" 将"缆车.png"图层的锚点移动到缆车和钢索的交接处，按P键调出"缆车.png"的"位置"属性，单击左侧的秒表按钮 激活其关键帧，如图5-96所示。

图5-96

03 将时间指示器向右拖曳一段距离（如10f），并调节缆车在钢索上的位置，使缆车下滑一段距离，如图5-97所示。

图5-97

04 重复步骤03的操作6次，直到缆车滑落到画面的右下角，关键帧位置如图5-98所示，对应的缆车在钢索上的位置如图5-99至图5-104所示。

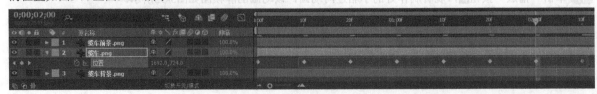

图5-98

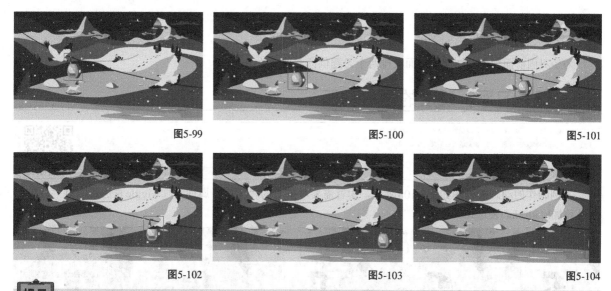

图5-99　　　　　　　　　　　图5-100　　　　　　　　　　　图5-101

图5-102　　　　　　　　　　　图5-103　　　　　　　　　　　图5-104

提示 为了体现出缆车加速下落的状态，在开始滑动阶段，缆车在钢索上的移动距离应该是最大的（加速下落），而随着缆车逐渐接近地面，移动距离应该逐渐缩小（缓缓滑动）。

05 选中"缆车.png"图层中的所有关键帧，按住Ctrl键后单击任意一个关键帧，将所有的关键帧转换为圆形关键帧，让缆车的运动曲线在运动过程中更加平滑，如图5-105所示。

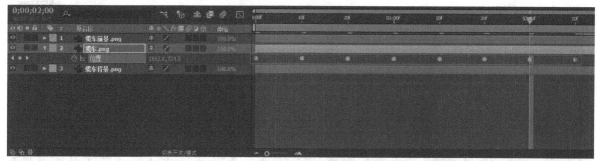

图5-105

06 按R键调出"缆车.png"图层的"旋转"属性，按住Alt键后单击左侧的秒表按钮，然后在表达式文本框中输入Math.cos(time*4)*5，使缆车在运动的过程中略微左右摇摆，如图5-106所示。

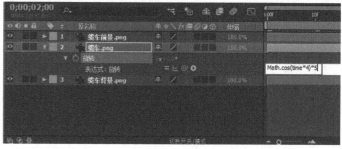

图5-106

07 单击"播放"按钮，观看制作好的缆车动画，该动画的静帧图如图5-107所示。

图5-107

5.6 课后习题

为了巩固前面学习的知识，下面安排两个习题供读者课后练习。

5.6.1 课后习题：跳动的爱心动画

素材位置	素材文件>CH05>课后习题：跳动的爱心动画
实例位置	实例文件>CH05>课后习题：跳动的爱心动画
在线视频	课后习题：跳动的爱心动画.mp4
学习目标	熟悉表达式的用法

本例制作的动画静帧图如图5-108所示。读者需要对爱心的"大小"属性添加wiggle表达式，对"旋转"属性添加Math.sin()表达式。

图5-108

5.6.2 课后习题：公路上的小车动画

素材位置	素材文件>CH05>课后习题：公路上的小车动画
实例位置	实例文件>CH05>课后习题：公路上的小车动画
在线视频	课后习题：公路上的小车动画.mp4
学习目标	熟悉表达式的用法

本例制作的动画静帧图如图5-109所示。读者需要对小车的"位置"属性添加wiggle表达式，调整道路标线的锚点位置，设置"缩放"属性的关键帧动画，并通过loopOut()表达式实现循环播放。

图5-109

第6章

形状图层动画

MG动画本质上是由运动的图形构成的，而我们则是通过形状图层在After Effects中构建各种平面形状。相比其他类型的图层，形状图层有其特有的属性和功能。形状图层包含各种形状的矢量图形对象。在默认情况下，形状图层包括路径、描边、填充等外观属性，编辑这些属性可以制作出一些独特的效果。

课堂学习目标

- 用形状工具绘制基础的图形
- 掌握形状图层填充、描边、变换属性
- 使用路径效果制作简单的动画

6.1 图层路径

　　形状图层的形状是由路径决定的，路径一旦确定，形状也会随之确定。同理，图层形状的添加或修改也是通过编辑路径实现的。

本节内容介绍

名称	作用	重要程度
添加路径	建立一个包含所绘制的路径的形状图层	高
路径属性	设置路径的参数	高

6.1.1 课堂案例：火箭飞行动画

素材位置	素材文件>CH06>课堂案例：火箭飞行动画
实例位置	实例文件>CH06>课堂案例：火箭飞行动画
在线视频	课堂案例：火箭飞行动画.mp4
学习目标	掌握形状路径动画的制作、为素材添加形状的方法

　　本例制作的动画静帧图如图6-1所示。

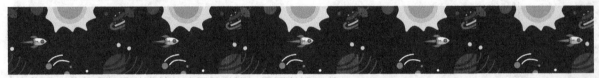

图6-1

01 创建一个合成，并将其命名为"宇宙"。导入本书学习资源中的图片素材"素材文件>CH06>课堂案例：火箭飞行动画>宇宙.png、火箭.png"，并将其拖曳到合成中，然后选中"火箭.png"图层，按S键调出"缩放"属性，设置该属性值为（50%,50%），如图6-2所示。

02 按R键调出"旋转"属性，并设置该属性值为0x + 37°，如图6-3所示。

图6-2　　　　　　　　　　　　　　　　　　　　图6-3

03 不选中任何一个图层，使用"钢笔工具" ✎绘制一个三角形，并设置"描边宽度"为0像素，"填充颜色"为橘红色（R:206，G:72，B:43），将其作为喷射器喷射的火焰，如图6-4所示。

04 不选中任何一个图层，使用"钢笔工具" ✎绘制一个比步骤03略小一点的三角形，并设置"填充颜色"为黄色（R:237，G:166，B:57），将其作为喷射器喷射的火焰，如图6-5所示。

05 选中步骤03和步骤04创建的形状图层，将其中一个图层的"表达式关联器" ◎拖曳到"火箭.png"图层，让火焰跟随火箭运动，如图6-6所示。

图6-4　　　　　　　　图6-5　　　　　　　　　　　　　　　　　　图6-6

06 选中"火箭.png"图层，按P键调出"位置"属性。将时间指示器移动到第0秒，设置该属性值为（400,540），然后单击左侧的秒表按钮◎激活其关键帧，如图6-7所示；将时间指示器移动到第1秒，并设置该属性值为（1500,540），让火箭从左向右保持匀速运动，如图6-8所示。

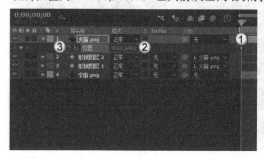

图6-7

图6-8

07 单击"播放"按钮▶，观看制作好的宇宙动画，该动画的静帧图如图6-9所示。

图6-9

6.1.2 添加路径

在本书前面的章节中我们学习了蒙版的添加方法，由于蒙版和形状图层的形状均是由路径决定的，因此添加形状路径的方法和添加蒙版的方法基本相同。用形状工具和钢笔工具添加蒙版时，需要先选中目标图层，如图6-10所示；当未选中任何图层或选中的不是形状图层时，则会自动建立一个包含所绘制的路径的形状图层，如图6-11所示。

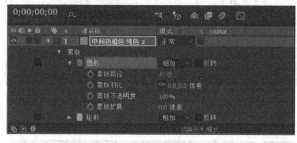

图6-10

图6-11

> 📖 **知识点：为形状图层添加蒙版**
>
> 按照以上步骤，选中形状图层时添加的是一个形状而不是蒙版。当我们需要对形状图层添加蒙版时，就要在工具栏中切换模式，如切换为"工具创建形状"⭐和"工具创建蒙版"▨，
>
> 如图6-12所示。
>
> 图6-12

6.1.3 路径属性

将"形状图层1"展开，我们可以看到形状图层比最简单的纯色图层多出了"内容"属性。在"内容"属性中，"矩形1"是我们在上一个小节中添加的矩形，其中包括"矩形路径1""描边1""填充1""变换：矩形1"4个子属性，如图6-13所示。展开"矩形路径1"可以看到与路径相关的属性，位于"矩形路径1"右

侧的两个按钮控制路径的方向为正向还是反向。

重要参数介绍

大小：控制图形的尺寸。与图层的"缩放"属性不同，图形的大小不受锚点影响，可以通过取消比例约束分别编辑图形的长和宽。

位置：控制图形相对于创建位置的位移，初始值是（0,0）。

圆度（矩形）：控制矩形顶角的圆度。

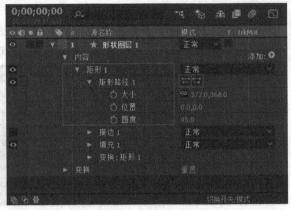

图6-13

每一个"路径"关键帧代表着形状的形态，所以在制作形状路径动画时，只需要在关键帧上改变形状锚点的位置，After Effects就能自动产生补间动画，如图6-14所示。

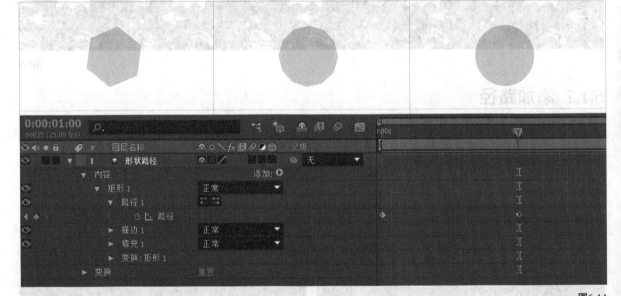

图6-14

提示 导入After Effects项目中的矢量图（如用Illustrator绘制的素材）无法像形状图层那样编辑锚点。选中图层，然后单击鼠标右键，并选择"从矢量图层创建形状"选项，即可完成矢量图层到形状图层的转变，这时After Effects会基于矢量图层本身的轮廓新建一个形状图层，如图6-15所示。

图6-15

6.2 图层填充

填充也是图形自带的属性之一，即添加形状的内容。若不使用填充，那么该形状就是一个内部没有颜色的线框。选中一个形状后，我们可以在工具栏中看到关于形状填充的信息，即填充的颜色，如图6-16所示。

图6-16

本节内容介绍

名称	作用	重要程度
填充属性	设置填充规则	高
渐变填充	使纯色填充变成渐变色填充	高

6.2.1 课堂案例：霓虹灯闪烁动画

素材位置	素材文件>CH06>课堂案例：霓虹灯闪烁动画
实例位置	实例文件>CH06>课堂案例：霓虹灯闪烁动画
在线视频	课堂案例：霓虹灯闪烁动画.mp4
学习目标	掌握渐变的添加方法和灯效的制作方法

本例制作的动画静帧图如图6-17所示。

图6-17

01 导入本书学习资源中的图片素材"素材文件>CH06>课堂案例：霓虹灯闪烁动画>建筑群.ai"，并将其拖曳到"新建合成"按钮 上，即可创建一个"建筑群"合成，如图6-18所示。

02 不选中任何图层，使用"椭圆工具" 绘制一个较大的椭圆形，并设置"描边宽度"为0，如图6-19所示。

03 单击工具栏中的"填充："文字，在弹出的"填充选项"对话框中选择"线性渐变" ，单击"确定"按钮 ，如图6-20所示。

图6-18

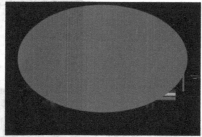

图6-19

图6-20

04 单击工具栏中的"填充："文字后的色块，打开"渐变编辑器"对话框，先单击左下角的色标，并设置"颜色"为黄色（R:242，G:203，B:96），如图6-21所示；单击右下角的色标，并设置"颜色"为青色（R:32，G:167，B:154），如图6-22所示。

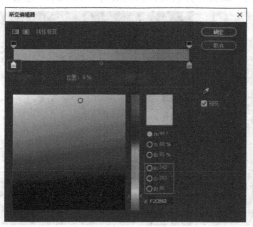

图6-21

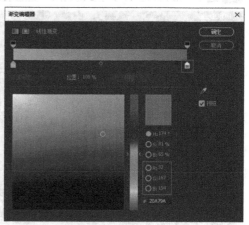

图6-22

05 单击色条下方的任意空余位置新建色标，然后将色标移动到色条的中央，并设置"颜色"为红色（R:196，G:10，B:72），单击"确定"按钮（ 确定 ），如图6-23所示。

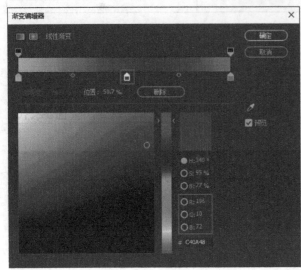

06 调整控制柄的方向，使颜色按照图6-24所示的方向渐变（黄色在左下方，青色在右上方）。

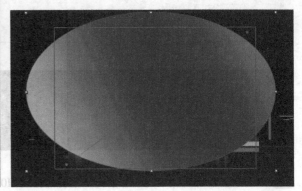

图6-23　　　　　　　　　　　　　　　　　　图6-24

07 选择"椭圆工具" ，并单击"工具创建蒙版"按钮 ，在"形状图层1"图层上创建图6-25所示的蒙版。

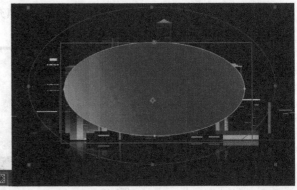

图6-25

08 选中"形状图层1"，按F键调出"蒙版羽化"属性，并设置该属性值为（450,450）像素，如图6-26所示。

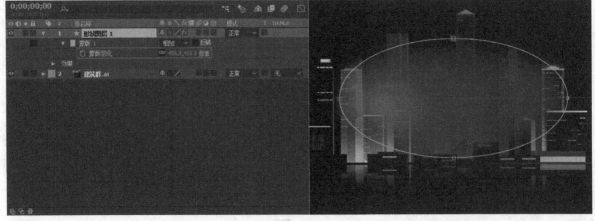

图6-26

09 执行"效果>风格化>发光"菜单命令，为"形状图层1"添加发光效果，保持默认参数，使渐变颜色具有霓虹灯效果，如图6-27所示。

10 选中"形状图层1"，按T键调出"不透明度"属性，然后按住Alt键并单击左侧的秒表按钮■，在表达式文本框中输入gaussRandom(30)，制作出亮度闪烁的动画效果，如图6-28所示。

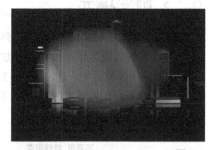

图6-27

图6-28

11 单击"播放"按钮▶，观看制作好的霓虹灯闪烁动画，该动画的静帧图如图6-29所示。

图6-29

6.2.2 填充属性

展开"矩形1"下的"填充1"属性，可以看到各项填充属性和填充的叠加模式（默认为"正常"），如图6-30所示。

图6-30

重要参数介绍

填充规则：针对比较复杂的路径，当难以确认某一块区域是否在路径内部时（如路径多次覆盖某一区域），"填充规则"下的"非零环绕"和"奇偶"两种模式会有不同的结果。

非零环绕：通过交叉计数判断，直线的交叉计数是直线穿过路径的自左向右部分的总次数减去其自右向左部分的总次数。如果从该点按任意方向绘制的直线交叉计数为零，那么该点位于路径外部，否则该点位于路径内部，如图6-31所示。

奇偶：如果从某个点按任意方向穿过路径绘制直线的次数为奇数次，那么该点位于路径内部，否则该点位于路径外部，如图6-32所示。

颜色：填充的颜色与工具栏中看到的形状填充颜色一致，任意一处颜色发生变化，另外一处也会相应变化。

不透明度：填充颜色的不透明度。

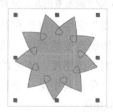

图6-31

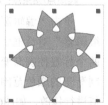

图6-32

6.2.3 渐变填充

单击"填充："高亮文字，在弹出的"填充选项"对话框中可设置填充模式、叠加模式和不透明度，使填充的颜色更加丰富，如图6-33所示。以"线性渐变"为例，"渐变填充1"属性下可设置新的属性，如图6-34所示。

纯色填充
不启用 线性渐变
径向渐变

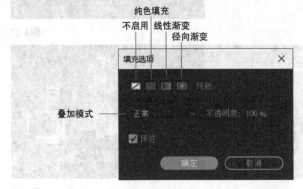

叠加模式

图6-33

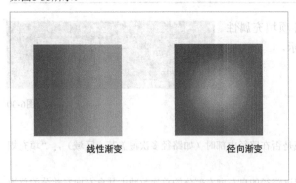

图6-34

重要参数介绍

类型：在"线性"和"径向"两种渐变方式中切换，如图6-35所示。

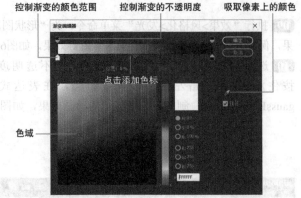

控制渐变的颜色范围   控制渐变的不透明度   吸取像素上的颜色

点击添加色标

色域

图6-36

线性渐变   径向渐变

图6-35

起始点/结束点：分别控制渐变的起始位置和终止位置。

单击"编辑渐变"文字，可以在弹出的"渐变编辑器"对话框中控制渐变的颜色。颜色条上方的两个标签控制渐变的不透明度，下方的两个标签控制渐变的颜色范围，单击其中某一个标签可以对其值进行修改，如图6-36所示。

6.3 图层描边

描边是图形自带的属性之一，即描绘形状的边线。若不使用描边，那么该形状就是一个没有线框的颜色色块。选中一个形状，我们可以在工具栏中看到关于形状描边的信息，即描边的颜色和宽度，如图6-37所示。

□对齐   填充：   描边：   11像素 添加 ●

图6-37

本节内容介绍

名称	作用	重要程度
描边属性	设置描边规则	高
虚线描边	将实线转换为虚线	高
渐变描边	使纯色描边变成渐变描边	中

6.3.1 描边属性

除了描边的颜色和宽度等基本外观属性，展开"矩形1"下的"描边1"属性，可以看到各项描边属性，如"不透明度"、叠加模式（默认为"正常"）等，如图6-38所示。

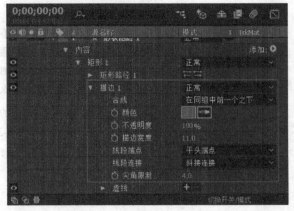

图6-38

重要参数介绍

　　颜色： 控制描边的颜色。

　　不透明度： 控制描边的不透明度。

　　描边宽度： 控制描边的宽度。

　　线段端点： 控制描边线段端点的类型，包括"平头端点""圆头端点""矩形端点"。"平头端点"表示描边在路径结束的位置结束；"圆头端点"表示描边在路径以外有延伸，超出的像素数等于描边宽度，端点形状是半圆；"矩形端点"同样表示描边在路径以外有延伸，不同点在于端点的形状是方形，3种端点类型如图6-39所示。

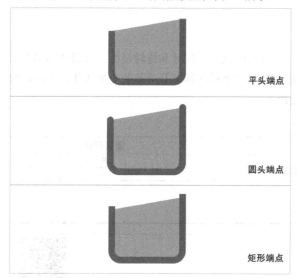

图6-39

　　线段连接： 控制路径改变方向（转弯）时的外观形状，包括"斜接连接""圆角连接""斜面连接"，3种连接类型如图6-40所示。

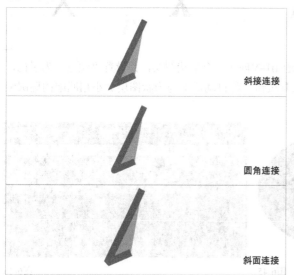

图6-40

　　尖角限制： 限制属性值，确定哪些情况下使用斜面连接而不是斜接连接。如选择"斜接连接"，当尖角限制为4，即尖角的长度达到描边宽度的4倍时，将改用斜面连接；当尖角限制为1时，斜接连接等同于斜面连接。

6.3.2　虚线描边

　　展开描边的"虚线"属性，此时默认没有任何可编辑的属性值，因为此时的描边并不是虚线。单击"虚线"右侧的➕按钮，此时描边被转换为虚线，并添加"虚线"和"间隙"这两个可编辑的属性值，分别控制虚线中每个线段的长度和间隔，如图6-41所示。再次单击➕按钮，还会添加"偏移"属性，该属性控制的是虚线的偏移量。

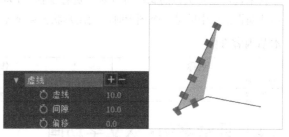

图6-41

6.3.3　渐变描边

　　单击"描边："高亮文字，可以在弹出的"描边选项"对话框中将描边更改为渐变描边，使描边的颜色更加丰富，如图6-42所示。

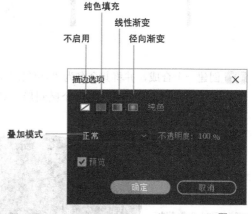

图6-42

　　以"线性渐变"为例，在"渐变描边1"属性下可设置新的属性，如图6-43所示。单击"编辑渐变"文字，同样可以在弹出的"渐变编辑器"对话框中控制渐变的颜色。

▼ 渐变描边 1	正常 ∨
合成	在同组中前一个之下 ∨
类型	线性 ∨
○ 起始点	0.0,0.0
○ 结束点	353.0,0.0
○ 颜色	编辑渐变...
○ 不透明度	100 %
○ 描边宽度	32.0
线段端点	平头端点 ∨

提示 当描边和填充同时启用时，两者在叠加顺序上表现为描边在上，填充在下。

图6-43

6.4 形状变换

我们已经学习了通过修改图层属性来变换图层，如修改图层的位置、尺寸和旋转属性。对形状图层中的形状来说，也有类似的属性可以对其进行变换。形状图层中的每一个形状都有其单独的变换属性，当我们想单独编辑图层中的某一个图形时，使用形状变换就十分便捷了。

本节内容介绍

名称	作用	重要程度
简单变换	使形状进行形状变换	高
多重变换	使形状同时受到图层变换和形状变换的影响	高

6.4.1 课堂案例：X文字动画

素材位置	无
实例位置	实例文件>CH06>课堂案例：X文字动画.aep
在线视频	课堂案例：X文字动画.mp4
学习目标	掌握形状变换的用法

扫码观看视频

本例制作的动画静帧图如图6-44所示。

图6-44

01 创建一个合成，并将其命名为"特效X"。按快捷键Ctrl+Y创建一个形状图层，并设置"颜色"为黑色，然后使用"椭圆工具" ◯ 绘制一个椭圆形，双击形状工具按钮，将自动添加与形状图层大小相匹配的椭圆蒙版，效果如图6-45所示。

02 按 F 键调出"蒙版羽化"属性，并设置该属性值为（400,400）像素，同时调整蒙版的叠加模式为"相减"，如图6-46所示。

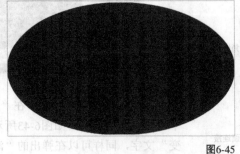

图6-45

图6-46

03 按T键调出"不透明度"属性，并设置该属性值为30%，制作一个有纵深感的背景，如图6-47所示。

图6-47

04 使用"矩形工具"■绘制一个矩形，并设置"填充颜色"为深绿色（R:0，G:71，B:59），然后单击"矩形路径1"中"大小"的"约束比例"按钮●，取消比例约束，并设置该属性值为（60,500），如图6-48所示。

图6-48

05 选中"形状图层1"，在"对齐"面板中依次单击"水平对齐"按钮■和"垂直均匀分布"按钮■，使矩形位于画面的正中央，如图6-49所示。

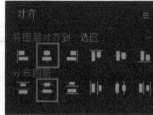

图6-49

06 选中"形状图层1"，激活"变换：矩形1"中"倾斜"属性关键帧，然后将时间指示器移动到20f，并设置该属性值为35，如图6-50所示。

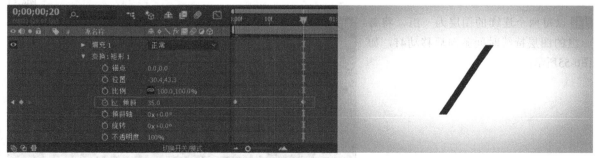

图6-50

07 选中"形状图层1",按快捷键Ctrl+D创建一个副本,并设置"倾斜"在20f时的属性值为－35,如图6-51所示。

图6-51

08 选中两个形状图层,按U键调出激活了关键帧的属性。选择所有关键帧,按F9键将其转换为缓动关键帧,如图6-52所示。

09 选中两个形状图层,并创建这两个图层的副本,然后设置"填充颜色"为绿色(R:0,G:60,B:50),如图6-53所示。

图6-52　　　　　　　　　　　　　　　　　　图6-53

10 选中"形状图层3"和"形状图层4",并创建这两个图层的副本,然后设置"填充颜色"为绿色(R:0,G:60,B:50)。接着选中"形状图层5"和"形状图层6",再次操作上述步骤,设置"形状图层7"和"形状图层8"的"填充颜色"为深绿色(R:0,G:15,B:13),最后调整新图层的顺序,如图6-54所示。

图6-54

11 以每两个连续的图层为一组,将每一组的图层持续时间条向后移动4f,如图6-55所示。

图6-55

12 选中所有形状图层，按U键调出激活了关键帧的属性，然后调整每一组图层中第2个关键帧的位置，使各小组之间有一个关键帧的时间差，如图6-56所示。

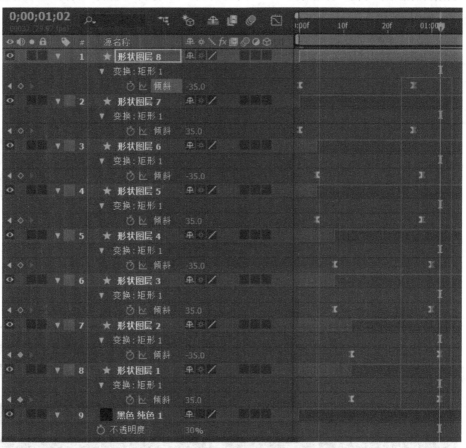

图6-56

13 单击"播放"按钮▶，观看制作好的X文字动画，该动画的静帧图如图6-57所示。

图6-57

6.4.2 简单变换

展开"变换：矩形1"属性，可以看到矩形形状的变换属性，其中"锚点""位置""比例""旋转""不透明度"等属性和图层变换中的同名属性的含义相同，而"倾斜"和"倾斜轴"属性则是形状变换的特有属性，如图6-58所示。

图6-58

"倾斜"和"倾斜轴"属性控制着形状的倾斜变换,"倾斜"控制形状倾斜的程度,"倾斜轴"控制形状倾斜的基准轴方向。初始的0x+0°为水平方向,在设置了"倾斜"属性后,原本直立的矩形发生了倾斜形变,如图6-59所示。

图6-59

6.4.3 多重变换

由于图层变换和形状变换可以同时对形状生效,因此我们可以同时编辑图层变换和形状变换的属性来实现一些比较复杂的变换。如实现类似自转和公转的效果,如图6-60所示,可以看到星球在自转的同时,还环绕着太阳公转。

图6-60

将自转对象"土星"的锚点移动到公转对象上,使其位置在太阳的中心,如图6-61所示。

图6-61

将自转对象"土星"的"环带"和"球体"等元素的锚点移动到自转对象的中心,如图6-62和图6-63所示。

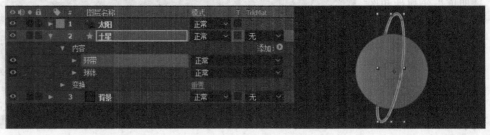

图6-62

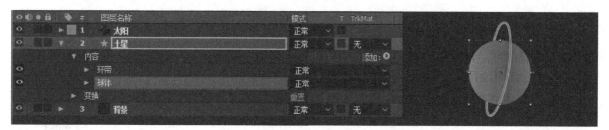

图6-63

选中自转对象"土星"，在搜索栏中搜索"旋转"，调出该图层的所有"旋转"属性并激活表达式，分别为其输入如图6-64所示的表达式，使这些元素随时间旋转。其中自转对象"土星"的"环带"和"球体"为绕土星旋转，自转对象的图层为绕太阳旋转，实现土星绕太阳公转的同时也在自转的效果。

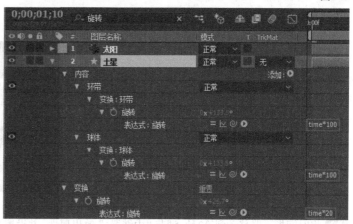

图6-64

6.5 路径效果

路径操作是形状图层的一类效果，包括"位移路径""收缩和膨胀""中继器"等8种。这些效果可以帮助我们快速地制作一些复杂的图层动画。

本节内容介绍

名称	作用	重要程度
添加效果	为形状图层添加相应的效果	高
位移路径	扩展或收缩形状	高
收缩和膨胀	对路径的顶点进行变换	中
中继器	快速生成形状的副本，并设置副本与原本之间的变换关系	高
圆角	控制路径转角处的圆度	高
修剪路径	只显示开始点和结束点的路径	高
扭转	路径发生扭曲变形	中
摆动路径	将路径转换为一系列大小不等的尖峰和凹谷	中

6.5.1 课堂案例：扑克牌动画

素材位置	素材文件>CH06>课堂案例：扑克牌动画
实例位置	实例文件>CH06>课堂案例：扑克牌动画
在线视频	课堂案例：扑克牌动画.mp4
学习目标	掌握中继器的用法和蒙版的用法

扫码观看视频

本例制作的动画静帧图如图6-65所示。

图6-65

01 创建一个合成，并将其命名为"扑克牌"。使用"圆角矩形工具"■绘制一个圆角矩形，使其长宽比适宜即可，并设置"填充颜色"为粉色（R:236，G:223，B:219），"描边颜色"为白色，"描边宽度"为30像素，如图6-66所示。

02 选中"形状图层1"图层，单击"内容"右侧的"添加"菜单按钮◎并选择"中继器"选项，如图6-67所示。

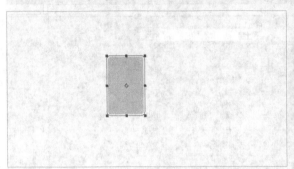

图6-66

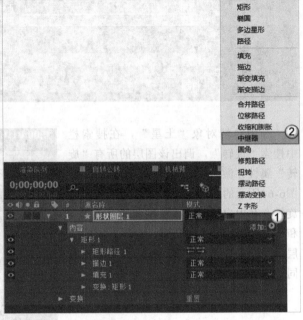

图6-67

03 将时间指示器移动到第2秒，调节"中继器1"效果属性，并设置"副本"为10，"锚点"为（220,330），"位置"为（-30,30），"旋转"为0x+9°，单击左侧的秒表按钮◎激活"位置"和"旋转"属性的关键帧，让扑克牌旋转展开，如图6-68所示。

图6-68

04 将时间指示器移动到第0秒，调节"中继器1"效果属性，并设置"位置"为（0,0），"旋转"为0x+0°，让扑克牌返回原样，最后选中所有的关键帧，按F9键将其转换为缓动关键帧，如图6-69所示。

图6-69

05 使用"钢笔工具"◢在"形状图层1"上绘制图6-70所示的菱形路径。

06 选中"形状图层1"，并设置"填充颜色"为浅红色（R:217，G:141，B:121），"描边宽度"为0像素，将其作为扑克牌背面的图案，效果如图6-71所示。

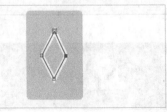

图6-70

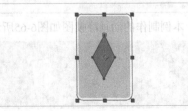

图6-71

07 导入本书学习资源中的图片素材"素材文件>CH06>课堂案例：扑克牌动画>手.ai"，导入时选择"导入为"为"素材"，然后将其拖曳到合成中，接着按快捷键Ctrl+D创建一个副本，如图6-72所示。

08 使用"钢笔工具" 在第1个"手.ai"图层上绘制如图6-73所示的蒙版，即使该处的蒙版包含大拇指及手的部分区域，让没有创建蒙版的区域不显示。

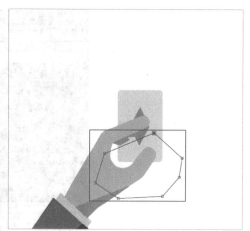
图6-73

图6-72

09 将第2个"手.ai"图层（未添加蒙版的手图层）移动到底层，这样就能制作出握住纸牌的状态，如图6-74所示。

图6-74

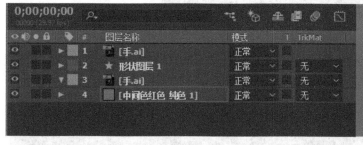

10 按快捷键Ctrl+Y创建一个纯色图层，并设置"颜色"为粉色（R:237，G:109，B:109），并将其放置在底层作为背景，如图6-75所示。

图6-75

11 单击"播放"按钮 ，观看制作好的扑克牌动画，该动画的静帧图如图6-76所示。

图6-76

6.5.2 添加效果

在形状图层中单击"内容"右侧的"添加"菜单按钮 ，菜单中的最后一栏就是各种路径效果，单击任意一个即可向图层中添加相应的效果，如图6-77所示。

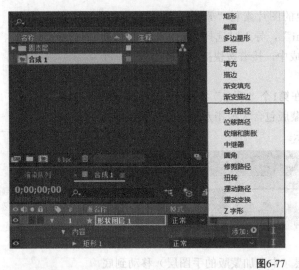

图6-77

📖 **知识点：为单个形状添加路径效果**

按照以上步骤，选中图层后添加的路径效果将作用于整个图层，即图层中的每个形状都会进行相应的变换。当我们想单独对图层中的某一个形状进行操作时，可以单独选中某个形状后添加效果，如图6-78所示；或为图层添加效果后，将其拖曳到形状属性下，使路径效果只作用于单个形状，如图6-79所示。

图6-78

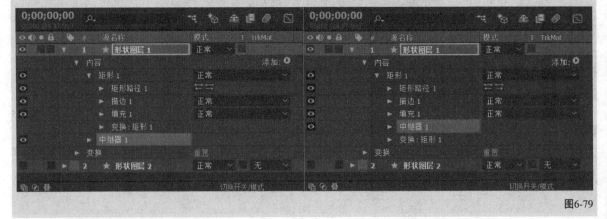

图6-79

6.5.3 位移路径

"位移路径"是通过使路径与原始路径发生位移来扩展或收缩形状，该效果的属性内容如图6-80所示。当"数量"为正值时，路径向外扩展；当"数量"为负值时，路径向内收缩，应用效果如图6-81所示。

图6-80   图6-81

> **提示** 由于路径发生了扩展或收缩，形状的实际边缘也将发生变化。"位移路径"同样提供了"线段连接"和"尖角限制"属性来调整形状边缘的外观。这两个属性与6.2.2小节介绍的同名属性的作用原理相同，具体用法可参考6.3.1小节中的相关内容。

6.5.4 收缩和膨胀

"收缩和膨胀"并不是对形状进行缩放变换，而是对路径的顶点进行变换，该效果的属性内容如图6-82所示。当"数量"为正值时，向外弯曲路径的同时将路径的顶点向内拉（膨胀）；当"数量"为负值时，向内弯曲路径的同时将路径的顶点向外拉（收缩），应用效果如图6-83所示。

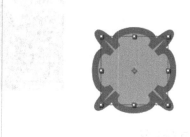

图6-82   图6-83

6.5.5 中继器

"中继器"是路径编辑类效果中常用的几个效果之一。

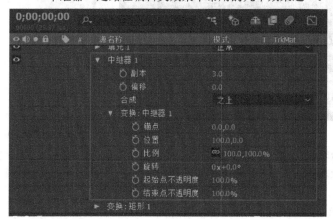

"中继器"可以快速生成形状副本，并能灵活地设置副本与原本之间的变换关系，即第1个副本在原本的基础上进行一次变换，之后的副本则在该副本的基础上再变换一次，以此类推，该效果的属性内容如图6-84所示，应用效果如图6-85所示。

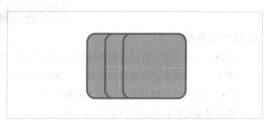

图6-84   图6-85

重要参数介绍

    副本：生成副本后图形的总数。如当"副本"为3时，即生成2个副本，加上原本共有3个图形。

    偏移：对原本图形施加"偏移"次数的变换后再生成副本，"偏移"值可以取小于0的整数，使其发生方向相反的变换。

    合成：可以选择"之上"或"之下"，控制新生成的副本显示在上层或是下层。

    锚点：每个副本的锚点相对于中心位置的位移，初始值是（0,0）。当中继器被设置在单独某一形状下时，其中心位置为形状路径的中心，否则为图层中心。

    位置：每次生成副本时相对于创建位置的位移，初始值是（0,0）。

    比例：每次生成副本时相对于原本比例变换的大小。

    旋转：每次生成副本时相对于原本旋转变换的值。

    起始点不透明度/结束点不透明度：分别控制原本和最新一个副本的不透明度，其间副本的不透明度在这两值间线性插值获得（最新一个副本本身不被生成，实际产生的副本数为"副本"值减去1个）。

6.5.6 圆角

    "圆角"控制的是路径转角处的圆度，"半径"的值越大，则圆度越大，该效果的属性内容如图6-86所示，应用效果如图6-87所示。

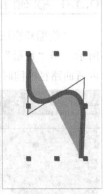

图6-86　　　　　　　图6-87

6.5.7 修剪路径

    "修剪路径"是通过更改原本路径的起点和终点位置来改变路径的形状，从而只显示开始点和结束点的路径。同时路径的填充和描边等属性也会发生对应地变化，该效果的属性内容如图6-88所示，应用效果如图6-89所示。

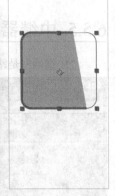

图6-88　　　　　　　图6-89

重要参数介绍

    开始：路径开始点在原路径的位置，单位用百分数表示。

    结束：路径结束点在原路径的位置，单位用百分数表示。

    偏移：修剪后的路径在原路径上的偏移量。

    修剪多重形状：可选"同时"或"单独"模式。当"修剪路径"位于组中多个路径的下面时，"同时"模式下将同时修改这些路径，而"单独"模式下则会将这些路径看作复合路径并单独修剪。

6.5.8 扭转

"扭转"使路径发生扭曲变形,越靠近"中心"位置形变程度越大,该效果的属性内容如图6-90所示。"角度"控制整体路径扭曲的程度,当"角度"为正值时路径按顺时针方向扭曲,当"角度"为负值时路径按逆时针方向扭曲,应用效果如图6-91所示。

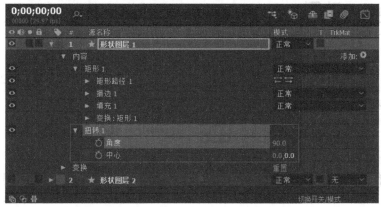

图6-90

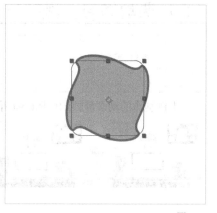

图6-91

6.5.9 摆动路径

"摆动路径"是通过将路径转换为一系列大小不等的尖峰和凹谷,并使之随时间变化产生不规则的震动效果,该效果的属性内容如图6-92所示,应用效果如图6-93所示。

图6-92

图6-93

重要参数介绍

大小:摆动幅度的大小。

详细信息:该属性的值越大,摆动越密集,反之摆动越稀疏。

点:控制摆动的尖角边缘是尖锐或是圆滑,有"边角"和"平滑"两种类型。

摇摆/秒:控制路径每秒的摆动次数,数值越大路径摆动的频率就越大。

关联:控制路径上每处摆动间的关联程度。当"关联"为100%时,每处摆动幅度相同;当"关联"为0%时,每处摆动都是独立变化的。

时间相位/空间相位:更改摆动在时间或空间上的相位。

随机植入:随机变化的随机种子,输入不同的值可以让路径产生不同的随机摆动效果。

6.6 课堂练习

为了让读者对形状图层的用法理解得更加透彻，这里准备了3个练习供读者学习，如有不明白的地方可以观看在线视频。

6.6.1 课堂练习：融球Loading动画

素材位置	素材文件>CH06>课堂练习：融球Loading动画
实例位置	实例文件>CH06>课堂练习：融球Loading动画
在线视频	课堂练习：融球Loading动画.mp4
学习目标	掌握融球Loading类动画的制作方法

本例制作的动画静帧图如图6-94所示。

图6-94

01 创建一个合成，并将其命名为"载入状态"。使用"椭圆工具" ◯并按住Shift键绘制一个圆形，然后使用"锚点工具" ▦将锚点移动到画面的中心处，使其距离圆形有一定距离，如图6-95所示。

02 使小球绕着画面中心旋转一周。选中"形状图层1"，按S键调出"旋转"属性。将时间指示器移动到第0秒，单击左侧的秒表按钮 ◯激活其关键帧，如图6-96所示；将时间指示器移动到第2秒，并设置该属性值为1x + 0°，如图6-97所示。选中所有关键帧，按F9键将其转换为缓动关键帧。

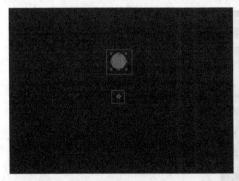

图6-95

图6-96

图6-97

03 使多个小球绕着画面中心旋转一周，实现简单的Loading状态。选中"形状图层1"，连续按4次快捷键Ctrl+D创建4个副本，然后选中所有图层，按U键调出这些图层中激活了关键帧的属性，如图6-98所示。调整所有"旋转"属性的关键帧位置，使5个图层的开始点和结束点错开，如图6-99所示。

图6-98

图6-99

04 选中所有的形状图层，单击鼠标右键并选择"预合成"选项，将其添加到一个合成中。执行"效果>遮罩>简单阻塞工具"菜单命令，为新建的"预合成1"添加阻塞效果，并设置"阻塞遮罩"为15，这时在运动过程中，相邻较近的两个小球出现融球状态，如图6-100所示。

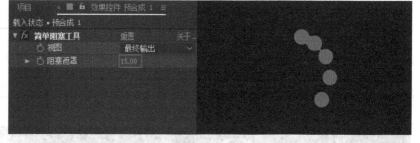

图6-100

05 执行"效果>模糊和锐化>高斯模糊"菜单命令，为"预合成1"添加模糊效果，然后在"效果控件"面板中将"高斯模糊"效果移动到"简单阻塞工具"效果之前，并设置"模糊度"为20，如图6-101所示。

图6-101

> **提示** 将"高斯模糊"效果移动到"简单阻塞工具"效果之前是因为先作用前面的效果，后作用后面的效果。如果两者的顺序不同，得到的结果也大不相同。这里先添加"简单阻塞工具"效果，后添加"高斯模糊"效果，是因为本例制作的效果主要是阻塞，所以这样的逻辑更符合本例的情况。

06 导入本书学习资源中的图片素材"素材文件>CH06>课堂练习：融球Loading动画>背景.png"，并将其拖曳到合成中，然后放置在合成的底层作为背景，如图6-102所示。

图6-102

07 选中"预合成1",按S键调出"缩放"属性,并设置该属性值为(34%,34%),然后将其拖曳到电脑屏幕中,使其在电脑上完成加载动画的播放,如图6-103所示。

图6-103

08 单击"播放"按钮▶,观看制作好的融球Loading动画,该动画的静帧图如图6-104所示。

图6-104

6.6.2 课堂练习:光圈扩散转场动画

素材位置	素材文件>CH06>课堂练习:光圈扩散转场动画
实例位置	实例文件>CH06>课堂练习:光圈扩散转场动画
在线视频	课堂练习:光圈扩散转场动画.mp4
学习目标	掌握光圈扩散类动画的制作方法

本例制作的动画静帧图如图6-105所示。

图6-105

1.光圈扩散动画

01 创建一个合成,并将其命名为"光圈Logo"。导入本书学习资源中的图片素材"素材文件>CH06>课堂练习:光圈扩散转场动画>Logo.png、光圈背景.png",并将"光圈背景.png"拖曳到合成中,如图6-106所示。

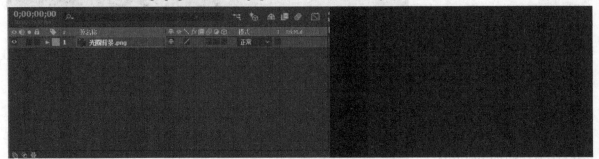

图6-106

02 使用"椭圆工具"◯并按住Shift键绘制一个圆形,不使用填充,同时设置"描边颜色"为青色(R:146,G:213,B:255),"描边宽度"为12,效果如图6-107所示。

03 执行"效果>扭曲>CC Lens"菜单命令，为形状图层添加CC Lens效果，使该动画产生类似镜头的效果，然后设置"Size"为20，单击左侧的秒表按钮 激活其关键帧，如图6-108所示，接着将时间指示器移动到第2秒，并设置"Size"为113，如图6-109所示。最后按U键调出激活了关键帧的属性，选中所有的关键帧，按F9键将其转换为缓动关键帧。

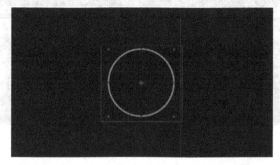

图6-107

图6-108

图6-109

04 进入"图表编辑器"，调整左侧的控制柄，使"Size"属性的值曲线先快速上升，然后缓慢上升至平稳，如图6-110所示。

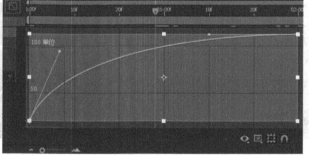

图6-110

05 退出"图表编辑器"，然后执行"效果>风格化>发光"菜单命令，为形状图层添加发光效果，并设置"发光阈值"为66.7%，"发光半径"为50，"发光强度"为2，如图6-111所示。

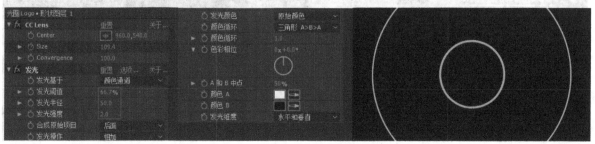

图6-111

06 选中"形状图层1",按T键调出"不透明度"属性。将时间指示器移动到1:20f,单击左侧的秒表按钮
激活其关键帧;然后将时间指示器移动到2:10f,并设置"不透明度"为0%,如图6-112所示。选中两个
关键帧,按F9键将其转换为缓动关键帧。

图6-112

2.Logo显示动画

01 将"Logo.png"拖曳到合成中,按S键调出"缩放"属性,并设置该属性值为(20%,20%),并将其移动
到圆形的正中央,如图6-113所示。

图6-113

02 执行"效果>生
成>填充"菜单命令,
为"Logo.png"图层填
充颜色,并设置"颜
色"为青色(R:0,
G:240,B:255),如图
6-114所示。

图6-114

03 执行"效果>风格化>发光"菜单命令,为"Logo.png"图层添加发光效果,并设置"发光阈值"为
75%,"发光半径"为200,"发光强度"为1,如图6-115所示。

图6-115

04 制作出Logo闪烁效果，使其看起来就像在"呼吸"一样。选中"Logo.png"图层，按T键调出"不透明度"属性，然后将时间指示器移动到1:20f，设置该属性值为0%，并单击左侧的秒表按钮◎激活其关键帧，如图6-116所示；接着将时间指示器移动到2:00f，并设置该属性值为100%，如图6-117所示。最后选中两个关键帧，按F9键将其转换为缓动关键帧。

图6-116

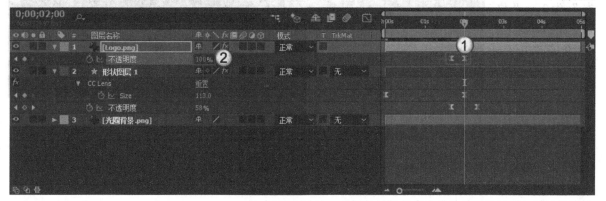

图6-117

05 单击"播放"按钮▶，观看制作好的光圈Logo动画，该动画的静帧图如图6-118所示。

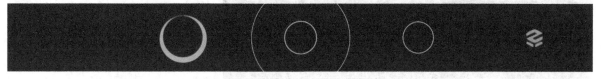

图6-118

6.6.3 课堂练习：播放界面动画

素材位置	素材文件>CH06>课堂练习：播放界面动画
实例位置	实例文件>CH06>课堂练习：播放界面动画
在线视频	课堂练习：播放界面动画.mp4
学习目标	掌握视频播放类动画的制作方法

本例制作的动画静帧图如图6-119所示。

图6-119

1.绘制3个播放按钮

01 创建一个合成，并将其命名为"播放界面"。导入本书学习资源中的素材"素材文件>CH06>课堂案例：播放界面动画>播放.png、快进.png、停止.png、视频.mp4"，然后按快捷键Ctrl+Y创建一个纯色图层，并设置"填充颜色"为灰色（R:231，G:231，B:231），将其作为背景，效果如图6-120所示。

02 使用"圆角矩形工具"■并按住Shift键绘制一个比较小的圆角正方形，并设置"填充颜色"为红色（R:231，G:31，B:25），"描边宽度"为0像素，效果如图6-121所示。

图6-120　　　　　　　　　　　　　　　　　　图6-121

03 选中"形状图层1"，单击"内容"右侧的"添加"菜单按钮■并选择"中继器"选项。调节"中继器1"效果参数，设置"副本"为3，"位置"为（230,0），如图6-122所示。

图6-122

> **提示**　为了清楚地显示出中继器的效果，图中展示的预览图是关闭了背景后显示的效果。

04 执行"效果>透视>投影"菜单命令，为"形状图层1"添加投影效果，然后在"效果控件"面板中选择添加的"投影"效果，并按快捷键Ctrl+D创建一个副本，这时形状发生了改变。但是添加的投影比较生硬，下面需要对其进行调整，使其具有自然的过渡效果，如图6-123所示。

图6-123

05 调整"投影"效果参数，设置"不透明度"为20%，"距离"为8，"柔和度"为50；调整"投影2"效果参数，设置"阴影颜色"为白色，"不透明度"为80%，"方向"为0x + 315°，"距离"为8，"柔和度"为50。这3个小正方形就是播放界面的按钮，如图6-124所示。

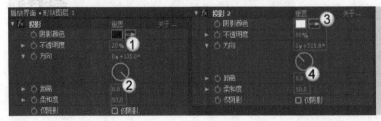

图6-124

2.绘制播放界面

01 使用"圆角矩形工具"■并按住Shift键绘制一个较大的圆角正方形，不使用填充，同时设置"描边宽度"为20像素，效果如图6-125所示。

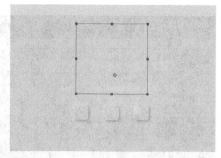

图6-125

02 选中"形状图层1"，在"效果控件"面板中选中"投影"和"投影2"两个效果，然后按快捷键Ctrl+C复制，接着选中"形状图层2"，按快捷键Ctrl+V粘贴，使"形状图层2"具有与"形状图层1"同样的投影效果，如图6-126所示。

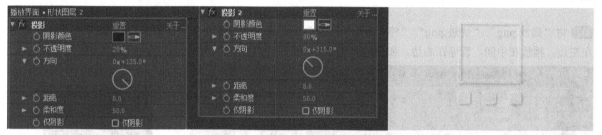

图6-126

03 选中"形状图层2"，按快捷键Ctrl+D创建一个副本，并设置"填充颜色"为白色，"描边颜色"为黑色，效果如图6-127所示。

04 在"效果控件"面板中删除"形状图层3"图层的"投影"和"投影2"效果，此时的播放界面如图6-128所示。

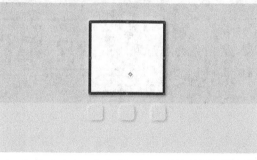

图6-127　　　　　　　　图6-128

05 将"视频.mp4"拖曳到合成中，按S键调出"缩放"属性，并设置该属性值为（50%,50%），然后在"合成"面板中移动该图层，使其覆盖到播放界面上，如图6-129所示。

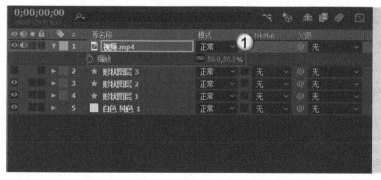
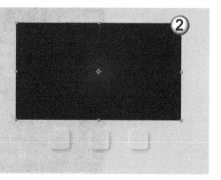

图6-129

06 将"视频.mp4"图层移动到"形状图层3"的下一层，并设置轨道遮罩模式为"亮度"，如图6-130所示。

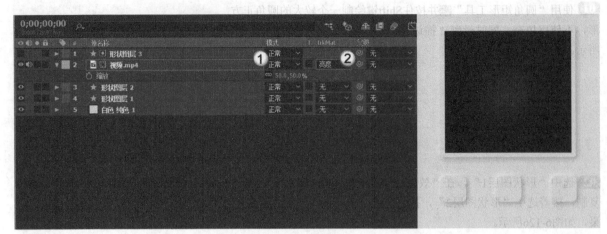

图6-130

07 将"播放.png""快进.png""停止.png"拖曳到合成中，并在"合成"面板中移动这3个按钮，使快进在左边，播放在中间，暂停在右边，如图6-131所示。

图6-131

3.制作播放动画

01 选中"形状图层1"和"形状图层2"，按T键调出"不透明度"属性。将时间指示器移动到第0秒，设置该属性值为0%，然后单击左侧的秒表按钮 激活其关键帧，如图6-132所示；将时间指示器移动到第1秒，设置该属性值为100%，如图6-133所示。

图6-132

图6-133

02 选中三个图片图层和一个视频图层，按T键调出"不透明度"属性。将时间指示器移动到1:00f，设置该属性值为0%，然后单击左侧的秒表按钮 激活其关键帧，如图6-134所示；将时间指示器移动到1:15f，设置"不透明度"属性值为100%，如图6-135所示。

图6-134

图6-135

03 单击"播放"按钮 ，观看制作好的播放界面动画，该动画的静帧图如图6-136所示。

图6-136

6.7 课后习题

为了巩固前面学习的知识，下面安排两个习题供读者课后练习。

6.7.1 课后习题：立体感三角形转场动画

素材位置	无	
实例位置	实例文件>CH06>课后习题：立体感三角形转场动画.aep	
在线视频	课后习题：立体感三角形转场动画.mp4	
学习目标	掌握闪烁类动画的制作方法	

扫码观看视频

本例制作的动画静帧图如图6-137所示。读者需要绘制黑色和白色的三角形形状图层，并设置"不透明度"来制作动画。

图6-137

6.7.2 课后习题：条带转场动画

素材位置	无	
实例位置	实例文件>CH06>课后习题：条带转场动画.aep	
在线视频	课后习题：条带转场动画.mp4	
学习目标	掌握堆叠类动画的制作方法	

扫码观看视频

本例制作的动画静帧图如图6-138所示。读者需要取消图形缩放的比例约束，并分别制作缩放动画。

图6-138

第7章

文字动画

除了用图形元素制作动画，文字动画也是我们经常看到的动画类型。文字本身也是一种图形，是辨识度更高的特殊图形。我们在制作动画时使用文字，一来可以丰富画面的视觉效果，明确版面的主次关系，二来则能增强动画的表达能力，传播更有效的信息。

课堂学习目标

- 掌握文字的基本属性
- 掌握基本的排版技术
- 掌握文字的基本运动
- 掌握文字的随机运动
- 掌握文字的复杂路径运动

7.1 图层路径

　　文本可分为点文本和段落文本两种类型，其中每一种文本类型的排列形式又可以分为横排和直排两种类型。对于After Effects来说，我们可以通过设置"段落"和"字符"面板中的属性轻易地为文本添加颜色、描边等效果，或进行一些简单的排版。

本节内容介绍

名称	作用	重要程度
点文本	创建点文字	高
段落文本	创建区域文字	中
段落和字符	设置文本格式	高

7.1.1 课堂案例：文字排版

素材位置	无
实例位置	实例文件>CH07>课堂案例：文字排版.aep
在线视频	课堂案例：文字排版.mp4
学习目标	掌握文本的创建方法、文本的排列方法

　　本例制作的效果如图7-1所示。

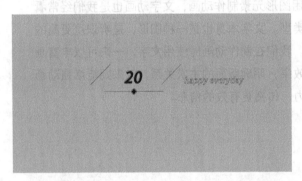

图7-1

01 创建一个合成，并将其命名为"文字排版"。使用"横排文字工具" T 创建点文字，待切换至文字编辑模式后输入20，在"字符"面板中设置"填充颜色"为黑色，"描边颜色"为"没有描边颜色"，设置字体为"黑体"，字体大小为100像素，"描边宽度"为1像素，然后应用"仿粗体"和"仿斜体"，如图7-2所示。

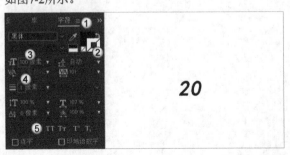

图7-2

02 使用"横排文字工具" T 创建点文字，待切换至文字编辑模式后输入20，在"字符"面板中设置"填充颜色"为白色，"描边颜色"为黑色，然后只应用"仿斜体"，如图7-3所示，将图层命名为"21"。

图7-3

03 移动"21"的位置，将其放置在"20"的下一层，并在"合成"面板中移动描边字体，使其与实心字体部分重合，如图7-4所示。

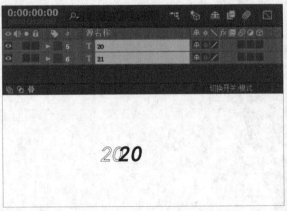

图7-4

04 分别用"矩形工具"▇、"椭圆工具"⬭和"钢笔工具"✎在2020字体组合下绘制一个矩形、一个圆形和一条直线，并将其放置在一条水平线上，同时将矩形旋转0x + 45°，如图7-5所示。

图7-5

05 选中"21""20"和3个形状图层，然后单击"对齐"面板中的"水平对齐"按钮▤，这时画面中元素的布局形式发生了变化，如图7-6所示。

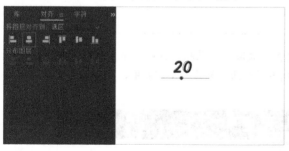

图7-6

06 使用"钢笔工具"✎并按住Shift键绘制45°斜线，然后使用"横排文字工具"▇创建点文字，待切换至文字编辑模式后输入happy everyday，并设置字体大小为50像素，此时生成的字形效果仍然保持上一次设置的参数，最后将画面中的元素摆放为图7-7所示的布局。

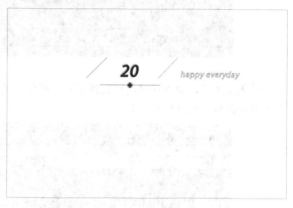

图7-7

07 按快捷键Ctrl+Y创建一个纯色图层，并设置颜色为浅灰色（R:229，G:229，B:229），最后将其放置在底层作为背景，效果如图7-8所示。

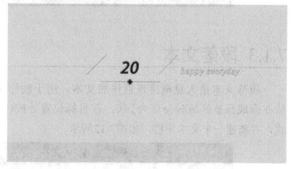

图7-8

7.1.2 点文本

点文本是少量横排或直排的文本，用于制作少量的文字。在After Effects中，点文本的每一行都是相互独立的，随着文字的增加或减少，After Effects会自动调整行的长度而不会自动换行。文本通过文字工具组中的工具添加，其中包含"横排文字工具"▇和"直排文字工具"▇，如图7-9所示，分别用于创建横向和竖向的文字。

图7-9

使用文字工具后，将鼠标指针放在合成预览区域时会变为▯状，在目标位置处单击（该位置为文本插入点）即可转入文本编辑模式，同时新建一个文本图层，如图7-10所示。

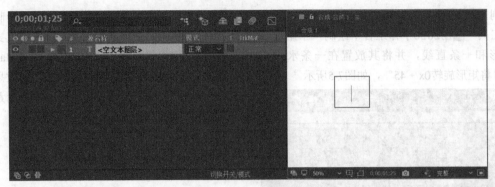

图7-10

　　输入文本后，可以通过选择其他工具，或单击其他面板结束文本编辑模式，这时文本图层会根据输入的文本自动命名，如图7-11所示。

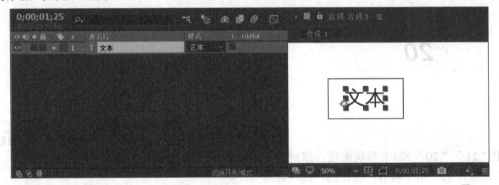

图7-11

7.1.3　段落文本

　　段落文本是大量横排或直排的文本，用于制作正文类的大段文字动画。使用文字工具后，将鼠标指针放在合成预览区域时会变为 状，在目标位置处按住并拖曳鼠标即可创建一个定界框，同时转入文本编辑模式，并新建一个文本图层，如图7-12所示。

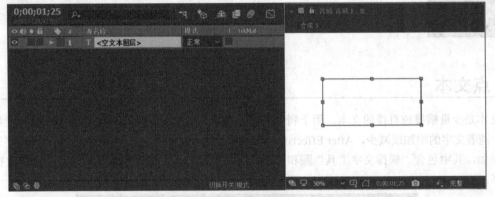

图7-12

> **提示**　在已有文字图层的情况下创建新文字，鼠标指针会根据所在位置的不同具有不同的外形和功能。当鼠标指针不直接放在文本上时，它会显示为新建文本光标 ，此时单击目标位置可以创建一个新的文本图层；当鼠标指针直接放在文本上时，它将显示为编辑文本光标 。为了确保创建新的文本图层，可以先按住Shift键，再单击目标位置。

段落文本与点文本不同，当文本长度超过定界框的范围时会自动换行，最后一行的文字超出范围后将不再显示。定界框的大小可以随时更改，此时文本也会随着定界框的改变而重新排列，如图7-13所示。

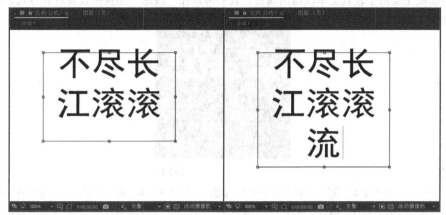

图7-13

与点文本的创建过程相同，输入段落文本后，可以通过选择其他工具，或单击其他面板结束文本编辑模式。

知识点：转换文本类别

激活文字工具后，在"合成"面板中任意空白处单击鼠标右键，并在弹出的菜单中选择"转换为点文本"或"转换为段落文本"选项，即可对文本的类型进行转换，如图7-14所示。

图7-14

值得注意的是，在段落文本转换为点文本后，位于定界框之外的字符都将被删除。为了避免丢失文本，最好事先调整定界框的大小，使所有文字都在定界框范围内。

7.1.4 段落和字符

新建文本图层后，选中某一文本图层或文本图层中的部分文本，可以通过"段落"面板和"字符"面板中的功能来编辑文本的段落和字符属性。

1.段落属性

"段落"面板主要用于设置文本段落的属性。我们可以在"段落"面板中设置对齐方式、缩进、段前或段后间距等属性，如图7-15所示。

重要参数介绍

图7-15

对齐方式：包括"左对齐文本"▣、"居中对齐文本"▣、"右对齐文本"▣、"最后一行左对齐"▣、"最后一行居中对齐"▣、"最后一行右对齐"▣和"两端对齐"▣共7种对齐方式。当文本为直排文本时，这些对齐方式也会发生对应的变化。

缩进左边距/缩进右边距/首行缩进：调整段落的缩进方式。

段前添加空格/段后添加空格：调整段前或段后间距。

2.字符属性

"字符"面板主要用于设置字符的格式，其中的功能更为多样复杂，如图7-16所示。在编排文本的过程中，字体、填充颜色和字体大小都是经常需要调整的选项。

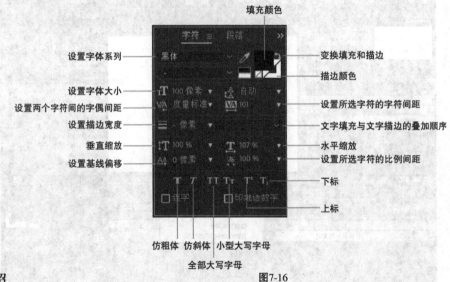

图7-16

重要参数介绍

设置字体系列：在下拉列表框中可以选择文字的字体。

设置字体大小：调整字体的大小。

垂直缩放/水平缩放：水平或垂直缩放文本。

设置所选字符的字符间距：调整文本的字距。

设置所选字符的比例间距：调整字符的比例间距。

仿粗体/仿斜体：将文本应用粗体或斜体。

全部大写字母/小型大写字母：将文本应用全部大写字母或小型大写字母。

上标/下标：为字符创建上标或下标。另外，选中目标字符后，在"字符"快捷菜单中选择"上标"或"下标"选项同样能够达到该目的。

7.2 编辑文本

前面我们学习过如何编辑图层的属性，这些操作对文本图层来说同样适用。下面我们将学习如何编辑文字图层特有的属性，包括选中文字，编辑文本内容及文字路径。

本节内容介绍

名称	作用	重要程度
选中文字	选中特定的文字	高
动态文本	实现同一个文字图层的数值变化	中
文字路径	让文字沿某一路径排列	高

7.2.1 课堂案例：文字滑梯动画

素材位置	素材文件>CH07>课堂案例：文字滑梯动画
实例位置	实例文件>CH07>课堂案例：文字滑梯动画
在线视频	课堂案例：文字滑梯动画.mp4
学习目标	掌握文字路径的用法

本例制作的动画静帧图如图7-17所示。

图7-17

01 创建一个合成，并将其命名为"文字滑梯"。导入本书学习资源中的图片素材"素材文件>CH06>素材文件>CH07>课堂案例：文字滑梯动画>风扇.png"，并将其拖曳到合成中作为图片素材，然后使用"横排文字工具"Ｔ创建点文字，待切换至文字编辑模式后输入"春季到来，小心着凉"，在"字符"面板中设置"填充颜色"为红色（R:170，G:57，B:34），字体大小为76像素，效果如图7-18所示。

02 使用"钢笔工具"✎绘制一个类似"滑坡"形状的蒙版路径，并调整手柄使路径平滑，如图7-19所示。

图7-18

图7-19

03 选中"春季到来，小心着凉"图层，展开"文字滑梯"图层中"文本"属性下的"路径选项"，设置"路径选项"中的"路径"为"蒙版1"，"强制对齐"属性为"开"，如图7-20所示。

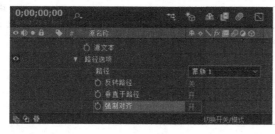

图7-20

04 选中"春季到来，小心着凉"图层，激活"首字边距"和"末字边距"的关键帧，并调整"末字边距"的属性值，使文字紧靠在路径起点附近，如图7-21所示。将时间指示器移动到第1.5秒，并设置"末字边距"为0，调整"首字边距"的属性值，使文字紧靠在路径终点附近，如图7-22所示。

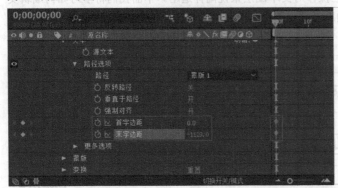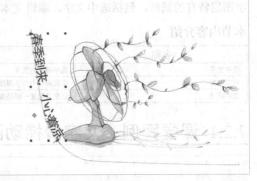

图7-21

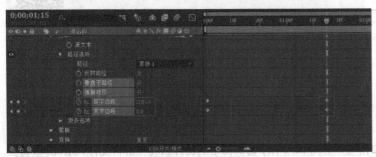

图7-22

 提示 "首字边距"和"末字边距"的属性值不需要与参考数值调整得一致，在"合成"面板中看到字距合适即可。

05 将"首字边距"的前一个关键帧向后移动几帧，"末字边距"的后一个关键帧向前移动几帧，最后选中所有关键帧，按F9键将其转换为缓动关键帧，如图7-23所示。

图7-23

06 单击"播放"按钮，观看制作好的文字滑梯动画，可以看到文字零散地沿滑梯路径下滑，在到达滑梯路径的终点时再度堆积到一起，该动画的静帧图如图7-24所示。

图7-24

7.2.2 选中文字

将鼠标指针放在合成预览区域中的文本上时，它会显示为编辑文本光标，拖曳光标即可选中特定的文字，被选中的文字将高亮显示，如图7-25所示。

如果我们想快速选择大段文字，那么可以先在起点（终点）处单击，然后按住Shift键并单击终点（起点）处，即可选中起点和终点间的所有文字，如图7-26所示。

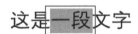

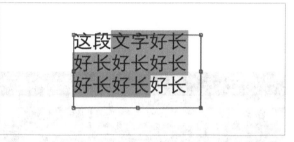

图7-25 图7-26

7.2.3 动态文本

文本的内容实际是由文字图层中"源文本"属性决定的，除了可以直接在合成预览中编辑文字，还可以通过修改"源文本"属性的值来修改文本内容，这样就不用多次创建文字图层了。如图7-27所示，通过对"源文本"属性添加关键帧或表达式，可以实现动态文本效果。

图7-27

动态文本可以在同一个文字图层中实现不同数值的变化，如1变成2，但是"源文本"无法像其他属性一样实现平滑地过渡，如在第0秒输入1℃，在第1秒输入5℃，并不会产生由1℃变成5℃的过程，而是从1℃直接跳到5℃，如图7-28所示。

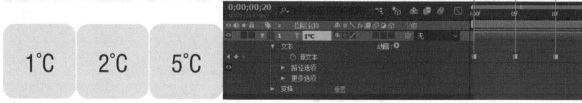

图7-28

"源文本"属性的关键帧均为方形的定格关键帧。

要想实现上述效果，就需要为"源文本"设置关键帧，保持每隔一段时间添加一个关键帧。由于不能形成补间动画，因此在添加关键帧的同时还需要在"合成"面板中修改数值，这时动画中的数字就会根据设置的关键帧实现跳转。

7.2.4 文字路径

　　设置文字图层下的"路径选项"属性可以让文字沿某一路径排列。选中文字图层后，使用"钢笔工具"  绘制一条简单的曲线路径，如图7-29所示。然后为"路径"添加"蒙版1"路径，这时文本将按"蒙版1"路径排列，如图7-30所示。

图7-29

图7-30

　　为文字图层添加了蒙版路径后，在"路径选项"下出现5个新的属性，如图7-31所示。

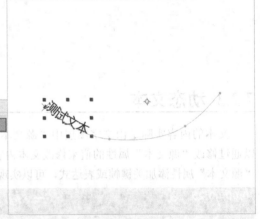

图7-31

重要参数介绍

　　反转路径：调转路径的方向，使文字从相反的方向开始排列，如图7-32所示。

　　垂直于路径：默认为"开"，此时字符与路径垂直。当设置为"关"时，文本则按照原本的方向显示，如图7-33所示。

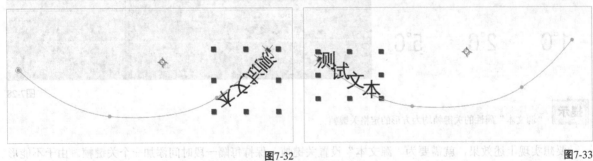

图7-32

图7-33

　　强制对齐：默认为"关"，当设置为"开"时，字符间距将被调整至使文本排满整条路径，此时可以结合"首字边距"和"末字边距"属性调整首端和末端的间距，如图7-34所示。

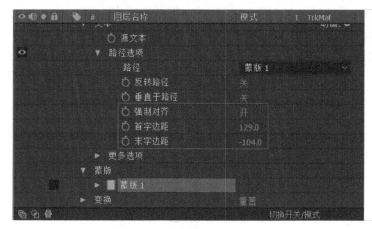
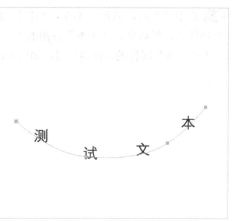

图7-34

7.3 文本动画制作器

文本动画制作器是After Effects自带的文本动画制作工具，可以快速地实现一些文字动画效果。文本动画制作器包括动画制作器和选择器，本节将根据以下步骤带领大家学习使用文本动画制作器为文本制作动画。

第1个步骤，添加动画制作器，以指定需要设置动画的属性。

第2个步骤，使用选择器来设置每个字符受动画制作器影响的程度或受到影响的范围。

第3个步骤，调整动画制作器属性，以调整动画的细节。

本节内容介绍

名称	作用	重要程度
文本动画制作工具	添加动画制作器和选择器	高
动画制作器属性	只影响由动画制作器组中的选择器选择的字符	高
选择器参数	为所选的动画属性添加摆动效果或范围	高
逐字3D化	以三维形式移动、旋转和缩放单个字符	中

7.3.1 课堂案例：文字随机淡入动画

素材位置	素材文件>CH07>课堂案例：文字随机淡入动画
实例位置	实例文件>CH07>课堂案例：文字随机淡入动画
在线视频	课堂案例：文字随机淡入动画.mp4
学习目标	掌握文本动画制作器的用法

本例制作的动画静帧图如图7-35所示。

图7-35

01 新建一个合成，并将其命名为"随机淡入"。导入本书学习资源中的图片素材"素材文件>CH07>课堂案例：文字随机淡入动画>气泡框.png"，并将其拖曳到合成中，然后使用"横排文字工具" ▼ 创建点文字，待切换至文字编辑模式后在第1条气泡框中输入"在吗？有事找您"，在第2条气泡框中输入"您好，我现在不在，稍后回复"，效果如图7-36所示。

图7-36

02 选中"您好，我现在不在，稍后回复"图层，在"字符"面板中设置"填充颜色"为白色，字体大小为76像素，然后单击"文本"右侧的"动画"菜单按钮 并选择"不透明度"选项，向图层中添加一个带有"不透明度"属性的动画制作器，如图7-37所示。

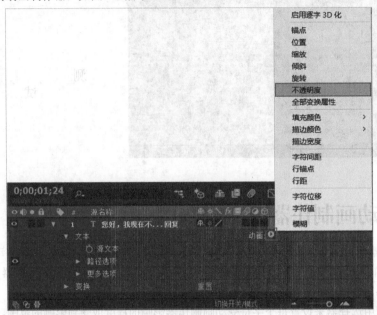

图7-37

03 选中"您好，我现在不在，稍后回复"图层，单击"文本"右侧的"动画"菜单按钮 并选择"模糊"选项，这时该图层中有两个动画制作器，如图7-38所示。

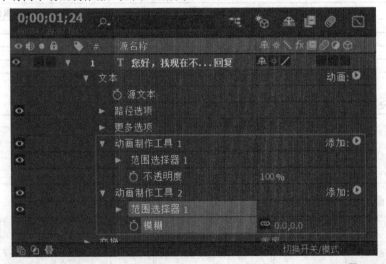

图7-38

提示 若未重新选中图层，则会直接在当前动画制作器中添加新的属性，而不是生成一个新的动画制作器。

04 激活"动画制作工具1>范围选择器1"中的"起始"和"不透明度"属性关键帧，并设置"随机排序"为"开"，然后对"动画制作器2>范围选择器1"中的"开始"和"模糊"属性做相同的操作，如图7-39和图7-40所示。

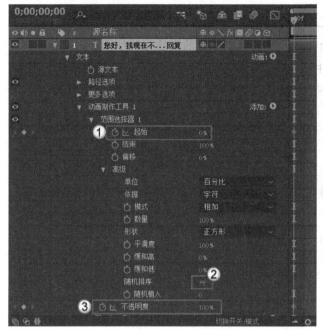

图7-39

图7-40

05 将展开的属性收回，然后按U键调出激活了关键帧的属性。将时间指示器移动到第0秒，设置"不透明度"为0%，"模糊"为（20,20），如图7-41所示；将时间指示器移动到第2秒，设置两个选择器中的"起始"属性值为100%，"不透明度"为100%，"模糊"为（0,0）。选中所有的关键帧，按F9键将其转换为缓动关键帧，如图7-42所示。

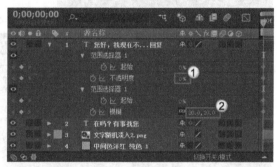

图7-41

图7-42

06 单击"播放"按钮 ▶，观看制作好的随机淡入文字效果动画，可以看到各个字符随机地由模糊转为清晰，该动画的静帧图如图7-43所示。

图7-43

7.3.2 文本动画制作工具

选中文字图层，单击"文本"右侧的"动画"菜单按钮■可展开文本动画制作器菜单，在菜单中选择相应的文本动画属性后，可以向图层中添加动画制作器和选择器，如图7-44和图7-45所示。

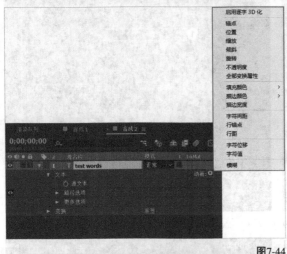

图7-44

图7-45

单击"动画制作工具1"右侧的"添加"菜单按钮■，在弹出的菜单中可以为文本动画制作器添加新的动画属性和选择器，如图7-46所示。此时，除了默认的"范围选择器"外，还可以选择"摆动选择器"及"表达式选择器"。

图7-46

7.3.3 动画制作器属性

动画制作器的属性与其他图层的属性非常类似，不同点在于，它的值只影响由动画制作器组中的选择器选择的字符。通常在制作简单动画时，我们不会为动画制作器属性设置关键帧或表达式，而是只为选择器设置关键帧或表达式，并仅指定动画制作器属性的结束值。各属性具体含义如下。

重要参数介绍

锚点： 字符执行缩放和旋转等变换命令时的基准点，初始值为（0,0），即每个字符的正下方中心处。

位置： 字符的位置变换值，初始为（0,0）。

缩放： 字符的缩放比例。

倾斜： 字符的倾斜度。

旋转： 字符的旋转角度。当启用逐字3D化时，可以单独设置x/y/z轴的旋转数值。

不透明度： 字符的不透明度。

全部变换属性： 将所有的"变换"属性一次性添加到动画制作器组中。

填充颜色： 文字填充颜色或修改量，可选"RGB""色相""饱和度""亮度""不透明度"5种模式，其中后4种模式为增减量。当未启用文字填充时，该属性不起作用。

描边颜色： 文字描边颜色或修改量，可选"RGB""色相""饱和度""亮度""不透明度"5种模式，其中后4种模式为增减量。当未启用文字描边时，该属性不起作用。

描边宽度： 描边宽度的增减量。当未启用文字描边时，该属性不起作用。

字符间距： 字符间的水平间距。

行锚点： 每行文本间的对齐方式，属性值为0%时为左对齐，50%时为居中对齐，100%时则为右对齐。

行距： 每行文本间的距离。

字符位移： 选定字符偏移的Unicode值数。如属性值设置为1时，按字母顺序将单词中的字符前进一位，单词test将变成uftu。

字符值： 选定字符的新Unicode值，将每个字符替换为一个由新值表示的字符。如属性值设置为67时会将单词中的所有字符替换为第67个Unicode字符（A），因此单词value将变为CCCCC。

字符范围： 对字符的限制范围。每次向图层中添加"字符位移"或"字符值"属性时，该属性都会随之出现。选择"保留大小写及数位"可将字符保留在其各自的组中。上述的组包括大写罗马字、小写罗马字、数字、符号和日语片假名等。若选择"完整的Unicode"，则允许无组别限制的字符更改。

模糊： 字符中的高斯模糊量。取消比例约束后，可以单独设置水平和竖直方向的模糊量。

7.3.4 选择器参数

添加文本动画制作器时，动画制作器组内会存在一个默认的范围选择器。我们可以通过使用添加和删除的方法将其替换为其他类型的选择器，或是让多个选择器共同作用。表达式选择器比较复杂且并不常用，在此不作介绍。

选择器的作用机制与蒙版非常类似。当多个选择器共同存在时，通过"模式"属性决定它们之间的交互模式。展开选择器下"高级"组选项即可看到"模式"属性，如图7-47所示。

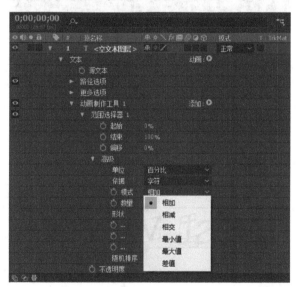

图7-47

除了"模式"外，"依据"也是这3种选择器共有的属性。"依据"属性的可选值包括"字符""不包含空格的字符""词""行"。当选择"字符"时，After Effects会将空格也计算在文本字符内，并为单词之间的空格也设置动画。由于空格不显示，实际效果表现为单词之间的暂停动画效果。

1.范围选择器

为文字图层添加了"范围选择器"后，"动画制作工具"中将会添加"范围选择器"属性。除了控制起点、终点和偏移量的"起始""结束""偏移"属性，"范围选择器"还包含多个高级属性，如图7-48所示。

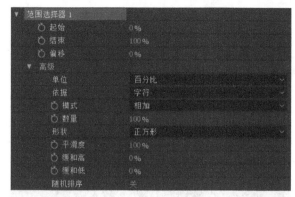

图7-48

重要参数介绍

单位： "开始""结束""位移"属性值的单位，可选值包括"百分比"和"索引"。选择索引时，选择器会基于"依据"属性值进行选择。

数量： 范围内字符受动画制作器属性影响的程度。

形状： 控制在开始和结束范围内选择字符，根据所选形状的不同在字符间创建不同的过渡。如在使用"下斜坡"为文本字符的y位置值设置动画时，字符按一定的角度从左下角移动到右上角，可选值包括"正方形""上斜坡""下斜坡""三角形""圆形""平滑"。

平滑度： 使用"正方形"形状时，动画从一个字符过渡到另一个字符所用时间长短的变化程度。

缓和高/低： 确定被包含字符的属性值从完全包含（高）变为完全排除（低）的变化速度。如在"缓和高"为100%时，当字符从完全选定变为部分选定时，属性值的变化将更加平缓；在"缓和高"为–100%时，当字符从完全选定变为部分选定时，属性值变化则非常迅速。

随机排序： 通过随机的顺序向"范围选择器"指定的字符应用属性。

2.摆动选择器

"摆动选择器"为所选的动画属性添加摆动效果，使不同的字符产生不同程度的变化。添加"摆动选择器"后，每个字符将产生不同的动画效果如图7-49所示。

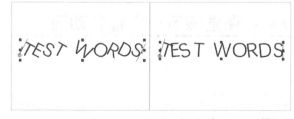

图7-49

为文字图层添加了"摆动选择器"后，"动画制作工具"中将会添加"摆动选择器"属性。除了共通的属性，"摆动选择器"还包括"最大量""最小量"等多个属性，如图7-50所示。

图7-50

重要参数介绍

最大量/最小量：指定选择项变化的上下范围。如所选值为30°的"旋转"，则在100%的"最大量"和–100%的最小量范围下，实际变化范围为–30°~30°。

摇摆/秒：所选选项每秒发生的变化量。

关联：每个字符的变化之间的关联程度。该属性值设置为100%时，所有字符同时摆动相同的量；该属性值设置为0%时，所有字符独立地摆动。

时间/空间相位：摆动形态变化的依据，通过调整"空间相位"和"空间相位"可更改摆动的样式。

锁定维度：当动画属性涉及多个维度时（如缩放），将摆动选择项的每个维度缩放相同的值。

随机植入：设置随机摆动的随机种子。

7.3.5 逐字3D化

通过使用逐字3D化，可以使文本图层中每个字符转换为单个3D图层，从而可以以三维形式移动、旋转和缩放单个字符。为文字图层添加了"启用逐字3D化"后，图层将变为3D图层，效果如图7-51所示。

7.4 课堂练习

为了让读者对文本的排版和文字的效果理解得更加透彻，这里准备了4个练习供读者学习，如有不明白的地方可以观看在线视频。

7.4.1 课堂练习：字幕条动画

素材位置	素材文件>CH07>课堂练习：字幕条动画
实例位置	实例文件>CH07>课堂练习：字幕条动画
在线视频	课堂练习：字幕条动画.mp4
学习目标	掌握字幕条动画的制作方法

本例制作的动画静帧图如图7-53所示。

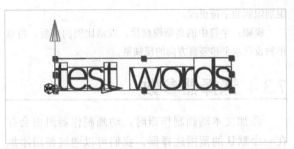

图7-51

向"动画制作器"中添加"旋转"属性后，可选参数将发生变化。原有的"旋转"属性会变为3个，从而可分别编辑字符绕每一个旋转轴的旋转幅度，如图7-52所示。

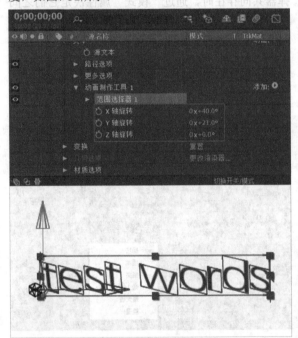

图7-52

图7-53

01 创建一个合成，并将其命名为"字幕条"。导入本书学习资源中的图片素材"素材文件>CH07>课堂练习：字幕条动画>字幕条背景.png"，并将其拖曳到合成中。使用"横排文字工具" T 创建点文字，待切换至文字编辑模式后输入"购物狂欢"，如图7-54所示。

02 选中文字图层，在"字符"面板中设置字体大小为60像素，"填充颜色"为白色，然后在"对齐"面板中单击"垂直均匀分布"按钮 和"水平对齐"按钮 ，将文字移动到画面的正中间，如图7-55所示。

图7-54

图7-55

03 使用"矩形工具" 在文字上绘制一个矩形，并设置"填充颜色"为蓝色（R:0，G:114，B:220），设置"描边宽度"为0像素，然后将新创建的形状图层放置在文字图层之下，如图7-56所示。

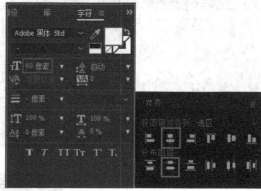

图7-56

04 选中"形状图层1"，按S键调出"缩放"属性，并单击"约束比例"按钮 取消比例约束。将时间指示器移动到0:00f，设置该属性值为（0%,100%），然后单击左侧的秒表按钮 激活其关键帧，如图7-57所示；将时间指示器移动到12f，设置其属性值为（100%,100%）。最后选中所有的关键帧，按F9键将其转换为缓动关键帧，如图7-58所示。

图7-57

图7-58

05 选中"形状图层1",按快捷键 Ctrl+D创建一个的副本,然后将副本移动到合成的顶层,并设置"购物狂欢"图层的轨道遮罩模式为"Alpha"遮罩,如图7-59所示,这样可以让文字随着蓝色矩形一起出现。

图7-59

06 选中"购物狂欢"图层,创建一个副本,然后将副本移动到"形状图层1"的下一层,并将其重命名为"11.11",接着在"字符"面板中设置"填充颜色"为浅蓝色(R:52,G:172,B:255),如图7-60所示。在"对齐"面板中单击"垂直均匀分布"按钮和"水平对齐"按钮,使文字移动到画面的正中间,并设置轨道遮罩为"没有轨道遮罩"。

图7-60

07 将时间指示器移动到10f,按P键调出"位置"属性,然后单击左侧的秒表按钮激活其关键帧,如图7-61所示。

> **提示** 图中的"位置"属性值因文本图层绘制的不同而存在差异,不影响效果的实现。

图7-61

08 将时间指示器移动到17f,按住Shift键并向下拖曳"11.11"图层,使其出现在蓝色长条下方,选中所有的关键帧,按F9键将其转换为缓动关键帧,如图7-62所示。

图7-62

09 选中"11.11"图层,将时间指示器移动回10f,按快捷键Alt+[裁剪持续时间条,使其在10f前不显示,如图7-63所示。

图7-63

10 单击"播放"按钮▶，观看制作好的字幕条动画，可以看到"购物狂欢"字幕从画面左侧显示，随后从中心向下滑动并显示出"11.11"字幕，该动画的静帧图如图7-64所示。

图7-64

7.4.2 课堂练习：数字增加动画

素材位置	素材文件>CH07>课堂练习：数字增加动画
实例位置	实例文件>CH07>课堂练习：数字增加动画
在线视频	课堂练习：数字增加动画.mp4
学习目标	掌握动态文本的用法（用表达式制作）

本例制作的动画静帧图如图7-65所示。

图7-65

01 创建一个合成，并将其命名为"增长播放数"。导入本书学习资源中的图片素材"课堂练习：数字增加动画>视频播放界面.png"，然后将其拖曳到合成中。使用"横排文字工具"**T**创建点文字，待切换至文字编辑模式后输入"0"，效果如图7-66所示。

02 选中文字图层，在"字符"面板中设置字体大小为60像素，"填充颜色"为黑色，并将文字移动到播放界面的右下角，效果如图7-67所示。

03 选中文字图层，按快捷键Ctrl+D创建一个副本，然后将副本向左移动，接着双击副本进入编辑模式，并输入"播放数："，效果如图7-68所示。

图7-66

图7-67

图7-68

04 选中 "0" 图层，按住Alt键并单击 "源文本" 左侧的秒表按钮 ，在表达式文本框中输入Math.round(time*30+time*time*100)+419，让播放数随时间快速增长。其中，Math.round函数的作用是将后面式子的计算结果转换为整数，如图7-69所示。

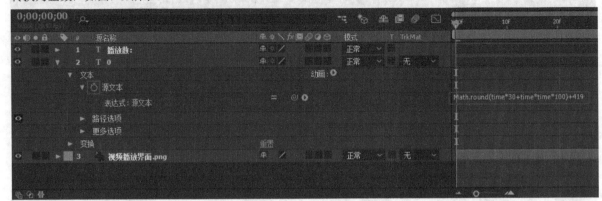

图7-69

05 同时选中两个文字图层，并分别创建一个副本，然后将副本文字拖曳到顶层，接着在 "合成" 面板中将两个副本移动到播放界面的左侧，如图7-70所示。

图7-70

06 双击 "播放数：2" 图层，将其重命名为 "收藏数"，并将 "源文本" 的表达式改为Math.round(time*20+time*time*400)+19，如图7-71所示。

图7-71

07 单击 "播放" 按钮 ，观看制作好的增长播放数动画，该动画的静帧图如图7-72所示。

图7-72

7.4.3 课堂练习：文字旋涡动画

素材位置	素材文件>CH07>课堂练习：文字旋涡动画
实例位置	实例文件>CH07>课堂练习：文字旋涡动画
在线视频	课堂练习：文字旋涡动画.mp4
学习目标	掌握文字路径类动画的制作方法

扫码观看视频

本例制作的动画静帧图如图7-73所示。

图7-73

01 创建一个合成，并将其命名为"文字旋涡"。导入本书学习资源中的图片素材"素材文件>CH06>课堂练习：文字旋涡动画>食物.png"，并将其拖曳到合成中，然后使用"横排文字工具" T 创建点文字，待切换至文字编辑模式后输入"Healthy Life"，并应用"全部大写字母"，效果如图7-74所示。

图7-74

02 使用"椭圆工具" ■ 并按住Shift键绘制一个圆形蒙版路径，并设置"蒙版1"的叠加模式为"无"，如图7-75所示。

图7-75

03 选中"文字旋涡"图层，设置"路径选项"中的"路径"为"蒙版1"，"反转路径"为"开"，如图7-76所示。

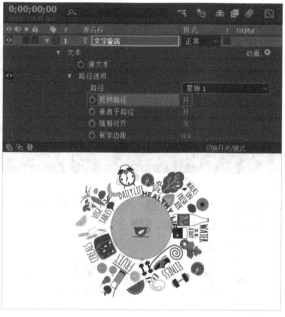

图7-76

04 使用"锚点工具" ■ 将"Healthy Life"图层的锚点移动到圆形路径的圆心，效果如图7-77所示。

图7-77

05 选中"Healthy Life"图层，按住Alt键并单击"首字边距"左侧的秒表按钮 ⓞ，在表达式文本框中输入400*Math.pow(time,2)+900*time，这样"首字边距"属性将随时间增长而增大，且增大的速度越来越快，如图7-78所示。

06 按快捷键Ctrl+Y创建一个纯色图层，并用吸管吸取"食物.png"图层中心处的颜色，效果如图7-79所示。

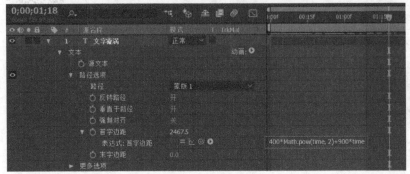

图7-78　　　　　　　　　　　　　　　　　　　图7-79

07 选中"文字旋涡"图层，按S键调出"缩放"属性，单击左侧的秒表按钮 ⓞ 激活其关键帧，然后将时间指示器移动到第4秒，并设置该属性值为（10%,10%），如图7-80所示。

图7-80

08 单击"播放"按钮 ▶，观看制作好的文字旋涡动画，文字在顺时针旋转的同时被吸入旋涡中心，该动画的静帧图如图7-81所示。

图7-81

7.4.4 课堂练习：文字随机摆动动画

素材位置	素材文件>CH07>课堂练习：文字随机摆动动画
实例位置	实例文件>CH07>课课堂练习：文字随机摆动动画
在线视频	课堂练习：文字随机摆动动画.mp4
学习目标	掌握随机类动画的制作方法

本例制作的动画静帧图如图7-82所示。

图7-82

01 创建一个合成，并将其命名为"随机摆动"。导入本书学习资源中的图片素材"素材文件>CH06>课堂练习：文字随机摆动动画>科技背景.png"，并将其拖曳到合成中，然后使用"横排文字工具" T 创建点文字，待切换至文字编辑模式后输入"blue interface"，并应用"全部大写字母"，如图7-83所示。

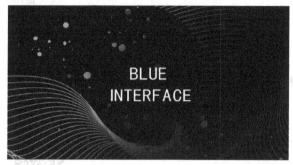

图7-83

02 选中"blue interface"图层，单击"文本"右侧的"动画"菜单按钮 ▷ 并选择"旋转"选项，如图7-84所示。

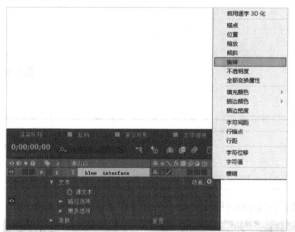

图7-84

03 添加了带"旋转"属性的动画制作器后，设置"旋转"为0x+30°。单击"动画制作工具1"右侧的"添加"菜单按钮 ▷ 并选择"选择器>摆动"选项，如图7-85所示。

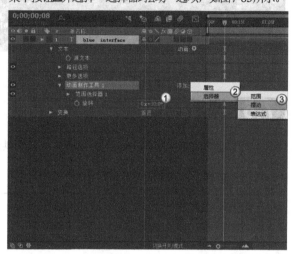

图7-85

04 添加了带"摆动"属性的动画选择器后，设置"摇摆/秒"为1，"关联"为20%，如图7-86所示。

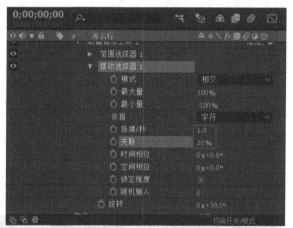

图7-86

05 激活"摆动选择器1"中的"旋转"关键帧，然后将时间指示器移动到第2秒，设置"旋转"为0x+0°。选中所有的关键帧，按F9键将其转换为缓动关键帧，如图7-87所示。

图7-87

06 单击"播放"按钮▶，观看制作好的随机摇摆文字效果动画，可以看到各个字符随机地由模糊的摇摆状态逐渐回归稳定，该动画的静帧图如图7-88所示。

图7-88

7.5 课后习题

为了巩固前面学习的知识，下面安排两个习题供读者课后练习。

7.5.1 课后习题：乱码动画

素材位置	无
实例位置	实例文件>CH07>课后习题：乱码动画.aep
在线视频	课后习题：乱码动画.mp4
学习目标	熟练掌握随机类动画的制作方法

本例制作的动画静帧图如图7-89所示。读者需要添加文字的字符移动效果动画。

图7-89

7.5.2 课后习题：字幕展示闪烁动画

素材位置	素材文件>CH07>课后习题：字幕展示闪烁动画
实例位置	实例文件>CH07>课后习题：字幕展示闪烁动画
在线视频	课后习题：字幕展示闪烁动画.mp4
学习目标	熟练掌握随机类动画的制作方法

本例制作的动画静帧图如图7-90所示。读者需要添加文字的不透明度动画，并结合摆动选择器完成操作。

图7-90

第8章

变速动画

除了添加图形元素和设置关键帧外，制作MG动画的另一个关键步骤就是调整动画的速度。速度在MG动画中发挥了非常重要的作用，适度且缓急分明的速度可以让元素更有表现力，让元素在不失真的情况下还能够增添一丝乐趣。这里的速度并不是指视频的播放速度，而是动画中各个元素的变化速度。在有背景音乐或音效的动画中，速度则更加关键，元素变化和音乐节奏相契合则能使动画实现"1+1＞2"的效果。

课堂学习目标

- 了解MG动画中常见的几种元素运动状态
- 掌握用图表编辑器调节值/速度曲线的方法
- 掌握用时间重映射制作动画的方法
- 掌握动画中素材运动与音频匹配的技巧

8.1 认识元素的运动状态

我们在前面的学习中不难发现，若所有的元素都是匀速变化的，那么动画就会缺乏真实感。为了制作出生动的MG动画，我们需要知道适合MG动画元素的运动状态有哪些。

本节内容介绍

名称	作用	重要程度
观察运动曲线	了解什么是生动的运动	高
合适的动画速度	了解动画应该包含的特性	高

8.1.1 观察运动曲线

仅观察一帧图像，我们只能知道元素所处的位置而无法直观地看到运动的速度，如果对动画进行预览，那么每次调节参数后都需要重新进行预渲染，操作十分不便。因此我们在实际操作过程中，多是通过查看速度曲线和值曲线来观察元素的运动状态。速度曲线和值曲线分别指"图表编辑器"中速度图表和值图表中的曲线，如图8-1所示。通过这两条曲线，我们能更好地观察元素在时间轴上的位置，掌握速度随时间的变化程度。

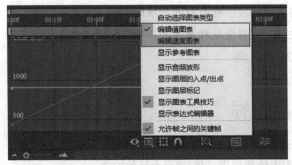

图8-1

下面以一组水平移动的小球为例，通过观察其速度曲线和值曲线的变化来了解元素在不同运动状态下的区别。如图8-2所示，使1号、2号和3号小球均在2s内向右移动相同的距离。

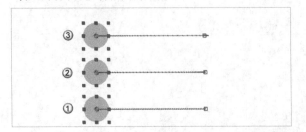

图8-2

1号小球仅被设置了默认的菱形关键帧，小球在0~2s匀速运动，其速度曲线和值曲线如图8-3所示。匀速运动的速度曲线为一条水平的直线，而值曲线为一条倾斜的直线。

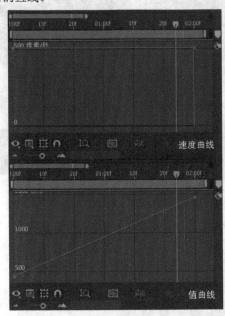

图8-3

2号小球的关键帧均为缓动关键帧，其速度曲线和值曲线如图8-4所示。观察速度曲线可以看出小球的速度在第1秒左右最快，而在第0秒和第2秒附近时几乎为0；观察值曲线可以看出小球在第0秒和第2秒附近几乎不运动，这时的曲线接近水平，在第1秒左右的变化最剧烈，曲线最为陡峭。

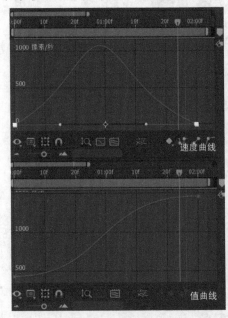

图8-4

3号小球又略有不同，小球先进行加速运动，在快速超过终点后又退回，其速度曲线和值曲线如图8-5所示。观察速度曲线可以看出小球逐渐加速并在1.5s左右达到峰值，随后速度迅速下降，在接近2s时的速度为负值；观察值曲线可以看出小球在1:23f处达到水平位置的峰值，随后开始下落。

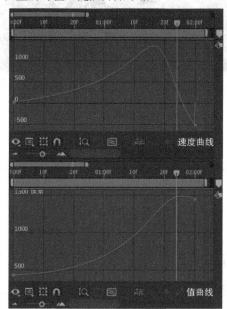

图8-5

我们可以从小球的不同运动状态中发现，同样是简单的水平位移运动，与1号小球相比，2号、3号小球更加生动，如图8-6所示。2号小球在1号小球运动的基础上添加了在起点处加速和在中点处减速的过程，突出了小球的惯性，使运动更具有真实性；3号小球则添加了一个先超过终点后回退的过程，多了一份"冒失"感，这就使得画面更加生动了。

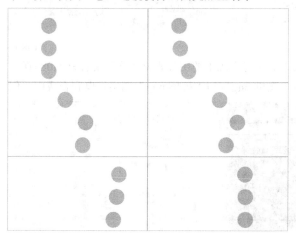

图8-6

8.1.2 合适的动画速度

从上述例子中可以看出不同的运动速度所显示的效果是不同的，合适的运动速度能够提升画面的观感。尽管观者的感受非常主观且因人而异，但在大多数情况下，只使用简单的几个菱形关键帧，观者的观感都不会太好，因为在现实世界中没有任何一个物体能够做到瞬间加/减速或完全匀速运动。通过使用一些技巧，我们可以快速制作出更灵动的MG动画。这对于制作高质量的MG动画十分有帮助。

1.惯性

惯性是物体保持静止状态或匀速直线运动状态的性质，即物体不会在速度的方向和大小上发生突变。在8.1.1小节中2号小球进行的加速和减速运动都是为了展示物体在真实世界中的状态。与非匀速运动相同，符合惯性的元素在运动时往往比速度突变的元素更加有趣且真实。如图8-7所示，车辆应该是先从静止状态加速再驶离，而不是从静止直接变为快速运动的状态。

图8-7

2.弹性

弹性和惯性相同，也是一种物理性质，是指物体在发生形变后，能恢复到与原来的大小和形状都相同的属性，在制作一些元素发生较多交互或某些具有弹性元素的动画时尤为常见。如图8-8所示，小球在落地弹起后发生弹性形变，这种变化使动画更加生动且真实，若此时小球仍然保持原来的形状，那么会让动画看起来非常生硬，并且没有活力。

图8-8

3.随机性

对由多元素堆积的MG动画来说，尽量不要让各个元素的运动状态都相同。通过让各个元素在运动速度、大小、方向或起始时间不同来为动画添加随机性，增加画面的丰富度，避免观者产生千篇一律的感觉。如图8-9所示，手机周围的齿轮、螺母和工具等图案都是散乱分布的，这样画面才不会显得单调。

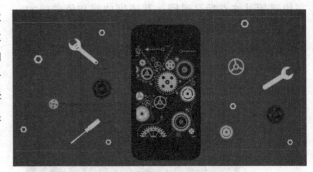

图8-9

8.2 常见的运动状态

本节将介绍一些常见的元素运动状态，其中包括渐快启动、缓速停止、回弹停止和弹性停止，以及如何通过编辑曲线来实现这些运动状态。

本节内容介绍

名称	作用	重要程度
渐快启动	用于任何一种速度越来越快的运动	高
缓速停止	用于任何一种速度越来越慢到最终停止的运动	高
回弹停止	用于在结尾处回弹的运动	高
弹性停止	用于在结尾处多次回弹到最终停止的运动状态	高

8.2.1 课堂案例：飞机平缓降落动画

素材位置	素材文件>CH08>课堂案例：飞机平缓降落动画
实例位置	实例文件>CH08>课堂案例：飞机平缓降落动画
在线视频	课堂案例：飞机平缓降落动画.mp4
学习目标	初步了解物体的速度变化

扫码观看视频

本例制作的动画静帧图如图8-10所示。

图8-10

01 创建一个合成，并将其命名为"飞机降落"。导入本书学习资源中的图片素材"素材文件>CH08>课堂案例：飞机平缓降落动画>飞机.png、机场.png"，并将"飞机.png"和"机场.png"图层拖曳到合成中，创建一个纯色图层，并设置其颜色为橙色，最后调整3个图层的顺序，如图8-11所示。

图8-11

02 选中"飞机.png"图层,按S键调出"缩放"属性,并设置该属性值为(25%,25%),将飞机元素调整为适宜大小,然后将其拖曳到画面的左上方,如图8-12所示。

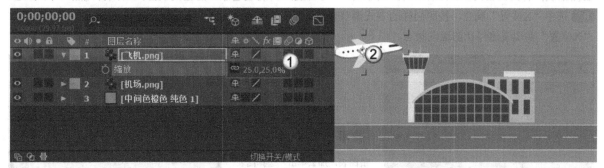

图8-12

03 选中"飞机.png"图层,按P键调出"位置"属性,单击鼠标右键并选择"单独尺寸"选项,将其拆分为"X位置"和"Y位置",并激活这两个属性的关键帧,如图8-13所示。

图8-13

04 选择上述两个关键帧,按F9键将其转换为缓动关键帧,然后将时间指示器移动到第2秒,并设置"Y属性"为868,使飞机位于跑道上,如图8-14所示。

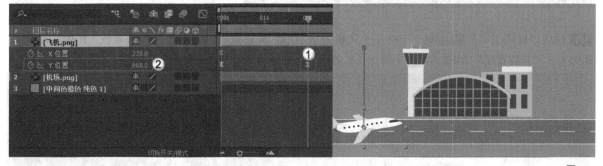

图8-14

05 将时间指示器移动到第3秒,并设置"X属性"为1586,使飞机位于跑道的右侧,如图8-15所示。

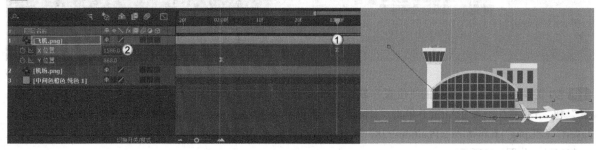

图8-15

197

06 选中"Y位置"属性，进入"图表编辑器"，然后将表示开始的手柄向上方拖曳，将表示结束的手柄向左侧拖曳，将其调整为图8-16所示的曲线形状，"Y位置"实现缓速停止的运动状态。

07 选中"X位置"属性，按照同样的方式调节表示开始和结束的手柄，将其调整为图8-17所示的曲线形状，"X位置"实现缓速停止的运动状态。

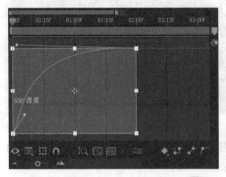

> **提示** 若默认显示的不是值图表，那么单击"选择图表类型和选项"按钮 并选择"编辑值图表"选项即可。

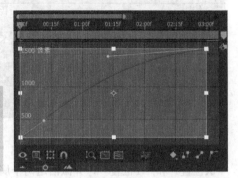

图8-16　　　　　　　　　　　　　　　　　　　　　　　　　　　　　图8-17

08 退出"图表编辑器"，将时间指示器拖回第0秒，按R键调出"飞机.png"图层的"旋转"属性，然后激活该属性的关键帧，将时间指示器移动到第2秒，并设置"旋转"为0x + 7°，使飞机呈水平方向运动，如图8-18所示。选中两个关键帧，按F9键将其转换为缓动关键帧。

图8-18

09 使用"椭圆工具" 绘制一个略小于飞机的椭圆形，并设置"填充颜色"为深灰色（R:95，G:95，B:95），"描边宽度"为0像素，用于制作飞机的影子，并将其重命名为"影子"，如图8-19所示。

图8-19

10 按P键调出"影子"图层的"位置"属性，单击鼠标右键并选择"单独尺寸"选项，将其拆分为"X位置"和"Y位置"。按住Alt键并单击"X位置"左侧的秒表按钮 ，在表达式文本框中输入value+thisComp.layer("飞机.png").transform.xPosition-228，通过动态链接让影子获得飞机的"X位置"属性值，使其跟随飞机一起运动，如图8-20所示。

图8-20

> **提示** 表达式中的thisComp.layer("飞机.png").transform.xPosition代表飞机的"X位置"属性值。表达式中的228指的是第0秒处飞机的"X位置"属性的初始值。

11 将"影子"图层放置在"飞机.png"图层和"机场.png"图层之间,然后按T键调出"影子"图层的"不透明度"属性,并设置该属性值为70%,使影子的颜色不过分明显,如图8-21所示。

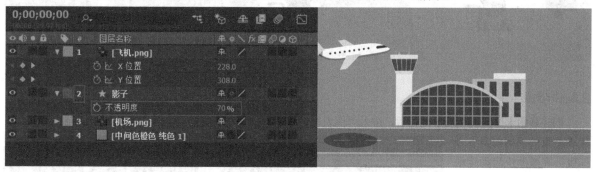

图8-21

12 单击"播放"按钮▶,观看制作好的飞机降落动画。可以看到飞机在水平方向和竖直方向均为缓速停止的运动状态,下落时速度较快,最终缓慢停止,同时跑道上的影子也随飞机一起运动。该动画的静帧图如图8-22所示。

图8-22

8.2.2 渐快启动

渐快启动的速度曲线和值曲线如图8-23所示。

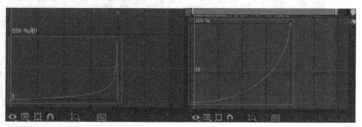

图8-23

1.特点

渐快启动的值曲线的特点是随着时间的变化曲线越来越陡峭，而速度曲线则没有特定的形状，但都应呈上升趋势。任何一项速度越来越快的运动都属于这一类别。渐快启动类运动在视觉上通常表现为前一阶段运动缓慢（类似于缓冲），后一阶段运动迅速。它的优点是速度变化平滑，在快速阶段能够很好地吸引观者的注意力，缺点是慢速阶段较为枯燥。此外，运动结束时由高速直接转换为静止是不符合物体的惯性规律的，因此渐快启动常常在以下情况中使用。

第1种情况，与其他元素运动组合，在慢速阶段时画面以其他元素运动为主。此时慢速阶段既可以增加画面的随机性，又可以为第二阶段作缓冲。

第2种情况，避免观者看到运动的结束阶段。如把元素的运动终点设置在画面之外或将其置于其他元素的背后，又或是将渐快启动应用于转场，在末尾时将元素充满整个画面。

如图8-24所示，画面周围出现了红色色块，将其由缓至快地充满整个画面的过程，作为动画的转场。

图8-24

2.制作步骤

创建好始末位置的缓动关键帧后，进入"图表编辑器"中的值图表界面，将代表起始的手柄向右拖曳，将代表结束的手柄向斜下方拖曳，完成渐快启动运动的制作，如图8-25所示。

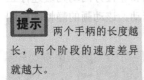 两个手柄的长度越长，两个阶段的速度差异就越大。

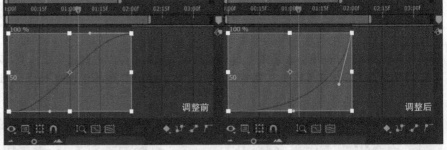

图8-25

8.2.3 缓速停止

缓速停止的速度曲线和值曲线如图8-26所示。

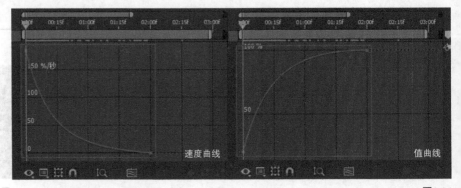

图8-26

1.特点

缓速停止的值曲线的特点是随着时间的变化曲线越来越平缓，这一点与渐快启动完全相反。同样，缓速停止的速度曲线也没有特定的形状，但都应呈下降趋势。换句话说，任何一项速度越来越慢到停止的运动都属于这一类别。因此缓速停止常常在以下情况中使用。

第1种情况，与其他元素运动组合，在慢速阶段时画面以其他元素运动为主。此时慢速阶段既可以增加画面的随机性，又可以平缓地将元素过渡至静止状态。

第2种情况，避免观者看到运动的快速阶段。如把元素的运动起点设置在画面之外或将其置于其他元素的背后，又或是将缓速停止应用于转场，在开始时将元素充满整个画面。但在为了突出画面的突变感时，可以不隐藏快速阶段。

如图8-27所示，从画面外快速伸入的手逐渐减速并缓慢停止，此时观者的注意力自然地转移到了手上的文字信息。

图8-27

2.制作步骤

创建好始末位置的缓动关键帧后，进入"图表编辑器"中的值图表面板，将代表起始的手柄向斜上方拖曳，将代表结束的手柄向左拖曳，完成缓速停止运动的制作，如图8-28所示。

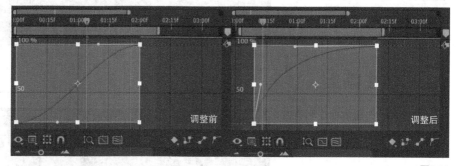

图8-28

8.2.4 回弹停止

回弹停止的速度曲线和值曲线如图8-29所示。

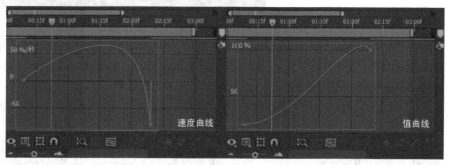

图8-29

1.特点

回弹停止的速度曲线的特点是在接近停止时运动速度变为负值（或是由负值变为正值），而值曲线则在到达峰值后略微下落。回弹停止的优点是同时包含正负两个方向的速度，使动画的内容更为丰富。同时结尾处的回弹达到了类似过渡的效果，以至于不会使画面过分突兀。如图8-30所示，人物头顶的吊灯被吹向了左侧，在回摆时超过了平衡位置，最后才稳定在画面中央。

有时我们会通过增加第3个关键帧的方法使其在结尾处复合一个缓速停止的动作，使元素运动停止时的速度变化曲线完全平缓，如图8-31所示。

图8-30　　　　　　图8-31

2.制作步骤

创建好始末位置的缓动关键帧后，进入"图表编辑器"中的值图表面板。将代表结束的手柄向左上方拖曳，在该位置处形成一个"凸包"。根据实际需求调整代表起始的手柄，完成回弹停止运动的制作，如图8-32所示。

提示　"凸包"应尽量小一点，否则在动画的结束阶段会产生一定的违和感。

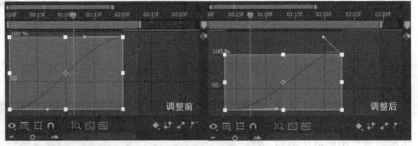

图8-32

8.2.5 弹性停止

弹性停止的速度曲线和值曲线如图8-33所示。

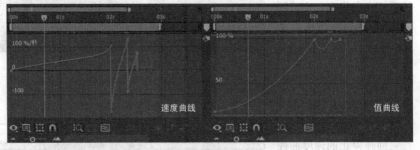

图8-33

1.特点

弹性停止的特点是速度曲线值多次正负波动，而值曲线则呈连续的山峰状。弹性停止一般在制作物品掉落地面的动画时使用，表现物品坠地后多次弹起到最终停止的运动状态。如图8-34所示，从上方落下的桌椅在落地后先弹起一次再落下。

图8-34

2.制作步骤

创建好始末位置的缓动关键帧后，向后拖曳时间指示器，建立两个与末位置关键帧相同属性值的关键帧，并将这两个关键帧间的间距缩小，如图8-35所示。进入"图表编辑器"中的值图表面板，此时值曲线如图8-36所示。

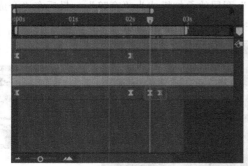 

图8-35 图8-36

调整值曲线上第2个、第3个和第4个关键帧两两之间的手柄，将其沿斜下方拖曳。由于第3、第4个关键帧距离较近，因此可以先调整时间导航器的范围，再调节手柄，完成弹性停止运动的制作，如图8-37所示。

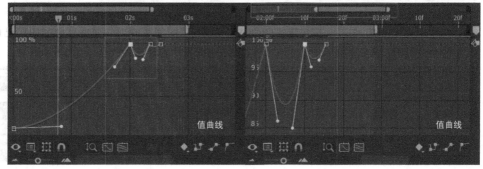

图8-37

8.3 时间重映射

对于视频图层、音频图层和合成图层这些不添加关键帧也随时间变化的图层，还可以通过时间重映射改变素材时间的流逝速度来调整动画速度。

本节内容介绍

名称	作用	重要程度
时间重映射	延长、压缩、回放或冻结图层持续时间的某个部分	高
帧冻结和冻结最后帧	在时间指示器所在的位置添加一个双向定格关键帧	高

8.3.1 课堂案例：视频播放故障动画

素材位置	素材文件>CH08>课堂案例：视频播放故障动画
实例位置	实例文件>CH08>课堂案例：视频播放故障动画
在线视频	课堂案例：视频播放故障动画.mp4
学习目标	掌握时间重映射的用法

扫码观看视频

本例制作的动画静帧图如图8-38所示。

图8-38

01 新建一个合成，并将其命名为"播放故障"。导入本书学习资源中的图片素材"素材文件>CH08>课堂案例：视频播放故障动画>屏幕.png、列车.gif"，并将其拖曳到合成中，然后将"列车.gif"图层放置在"屏幕.png"图层的下一层，并设置"屏幕.png"图层的叠加模式为"变暗"，最后在"合成"窗口中调整"列车.gif"图层的大小和位置，使其刚好显示在屏幕中，如图8-39所示。

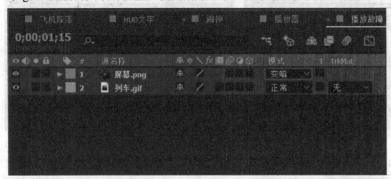

图8-39

02 选中"列车.gif"图层，按快捷键Ctrl+Alt+T添加"时间重映射"属性，此时图层已自动为该动态图片添加了两个关键帧，关键帧的起始位置的设置以该动态图片的时长为依据，如图8-40所示。

图8-40

03 选中"列车.gif"图层，将时间指示器移动到第2秒，单击左侧的菱形按钮，然后单击鼠标右键并选择"切换定格关键帧"选项，将其转换为定格关键帧，如图8-41所示。

图8-41

04 选中"列车.gif"图层，按T键调出"不透明度"属性，并单击左侧的秒表按钮 激活其关键帧。从2:00f开始，每隔2f添加一个关键帧，连续添加5个关键帧，并分别设置其"不透明度"属性值为100%、0%、100%、0%和100%，模拟视频损坏时的画面闪烁效果，如图8-42所示。

图8-42

05 单击"播放"按钮▶，观看制作好的视频播放故障动画。随着屏幕一阵闪烁，视频停止了播放，该动画的静帧图如图8-43所示。

图8-43

8.3.2 时间重映射

右击图层，在快捷菜单中选择"时间>启用时间重映射"选项（快捷键为Ctrl+Alt+T），激活图层的"时间重映射"属性，如图8-44所示。

图8-44

这时After Effects会自动在一段时间的始末位置添加关键帧，为了使时间重映射功能正常运行，"时间轴"内至少应该有两个关键帧，如图8-45所示。

图8-45

"时间重映射"属性的关键帧值代表图层原本的时间，关键帧所处的位置则代表时间重映射后的时间。只剩一个关键帧时，等效于将图层在该关键帧值代表的时间点处冻结。在删除所有的关键帧后，"时间重映射"属性不会像其他属性一样失活，而是会被直接删除。通过重新排列"时间重映射"属性的关键帧，我们可以延长、压缩、回放或冻结图层持续时间条的某个部分。如将2:00f的关键帧移动到1:00f，在"图表编辑器"中查看速度曲线和值曲线，效果如图8-46所示。

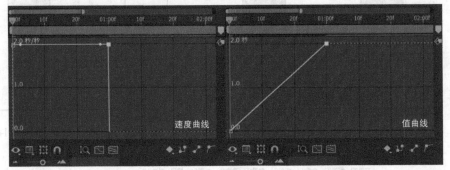

图8-46

可见重新排列关键帧后，图层的时间流逝速度发生了改变。观察速度曲线，可以看出图层在前1s内以2s/s的速度播放，在后1s内静止。同理，观察值曲线，可以看出在第1秒时，图层时间就已经流逝了原本的2s，并在1~2s呈静止状态。

 速度曲线的单位为（s/s），即在更改后的一秒内播放原本图层的多少秒。

8.3.3 帧冻结和冻结最后帧

右击图层，弹出的快捷菜单如图8-47所示，"冻结帧"和"在最后一帧上冻结"选项也是时间重映射的应用，等效于在启用"时间重映射"后，After Effects自动为图层添加一些关键帧。

图8-47

"冻结帧"实质上是在启用"时间重映射"后，在时间指示器所在的位置添加一个双向定格关键帧，关键帧的值就是时间指示器所在的时间，如图8-48所示。

图8-48

结合速度曲线和值曲线，如图8-49所示，可以看出图层的时间流逝完全停止，等同于用相同持续时间的当前帧图像替代了整个图层。

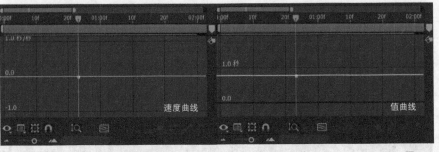

图8-49

"在最后一帧上冻结"则是在时间重映射的基础上将最后一个关键帧转换为单向定格关键帧，同时延长图层的持续时间，即正常播放后让画面停止于最后一帧，并额外保持一段时间，如图8-50所示。

图8-50

8.4 运动与音频匹配

声音也是MG动画的重要组成元素，包括音效和背景音乐。对一些节奏明确的背景音乐来说，动画中的元素运动应该做到与音乐节奏相契合，否则会让观者产生强烈的割离感。画面与音频匹配的过程大致可以分为3步，包括显示音频波形图，明确动画中元素运动的节奏点及最后的预览校准（前两步的顺序可以根据需求调换）。本节将带领大家学习如何更好地让元素的运动契合音效或背景音乐的节奏。

本节内容介绍

名称	作用	重要程度
波形图	查看音频的时间和音量	高
与音效匹配	了解音效的波形图的特点	高
与音乐节奏匹配	了解音乐节奏的波形图的特点	高

8.4.1 课堂案例：闹钟动画

素材位置	素材文件>CH08>课堂案例：闹钟动画
实例位置	实例文件>CH08>课堂案例：闹钟动画
在线视频	课堂案例：闹钟动画.mp4
学习目标	掌握动画与音频匹配的技术

扫码观看视频

本例制作的动画静帧图如图8-51所示。

图8-51

01 新建一个合成，并将其命名为"闹钟"。导入本书资源中的图片素材"素材文件>CH04>课堂案例：闹钟动画>桌.png、闹钟.png、拟声.png"，并将其拖曳到合成中，如图8-52所示。

图8-52

02 选中"闹钟.png"和"拟声.png"图层，按S键调出"缩放"属性，并设置该属性值为（66%,66%），

然后在"合成"
面板中调整闹钟
位置，如图8-53
所示。

图8-53

03 使用"钢笔工具" 绘制一条指向10点的直线段，并设置"描边宽度"为7像素，"描边颜色"为蓝紫色（R:155，G:163，B:236），效果如图8-54所示。使用"锚点工具" 将锚点移动到直线段的右侧端点，然后使用"椭圆工具" 并按住Shift键在闹钟的中心绘制一个大小合适的圆形，完成指针的绘制，效果如图8-55所示。

图8-54

图8-55

04 选中"形状图层1"，按R键调出"旋转"属性，单击左侧的秒表按钮 激活其关键帧，如图8-56所示。

05 导入学习资源中的音频素材"素材文件>CH04>课堂案例：闹钟动画>滴答走钟.wav、闹钟闹铃声.wav"，并将其拖曳到合成中。调整"闹钟闹铃声.wav"的图层持续时间条，使闹钟铃响在第4秒时开始；调整"滴答走钟"图层的持续时间条，使滴答音效在第4秒时结束，如图8-57所示。

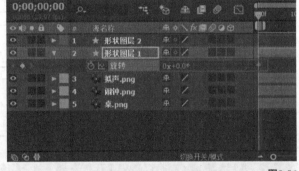

图8-56

图8-57

06 进入"图表编辑器"，选中两个音频图层，然后观察这两个音频的波形图。本例中的两个音频文件中没有无音量的部分（该音效可以无限循环），如图8-58所示。那么接下来就可以将第0秒和第4秒作为动画的关键点。

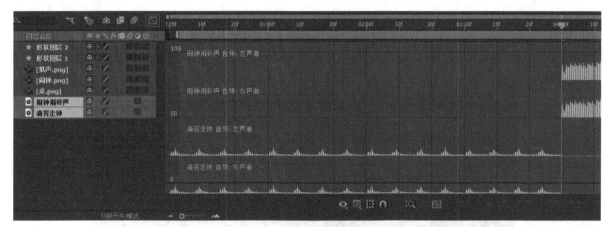

图8-58

07 退出"图表编辑器",然后选中"形状图层1",将时间指示器移动到第4秒,并设置"旋转"为0x + 60°,使指针指向12点,如图8-59所示。该操作与步骤04相对应,当指针转动到12点时,滴答声停止,同时闹钟响起。

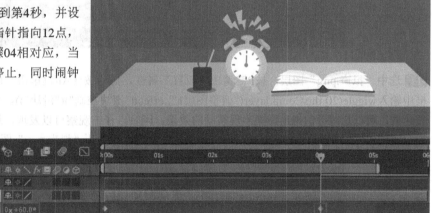

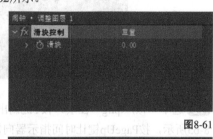

图8-59

08 选中两个形状图层,将"闹钟.png"图层设置为两个形状图层的父级,让指针跟随闹钟运动,如图8-60所示。

09 按快捷键Ctrl+Alt+Y创建一个调整图层,执行"效果>表达式控制>滑块控制"菜单命令,为"调整图层1"添加"滑块控制"效果。将时间指示器移动到4:00f,激活"滑块"属性的关键帧,如图8-61所示;按PageDown键让时间指示器向后移动1f,并设置"滑块"为20,如图8-62所示。

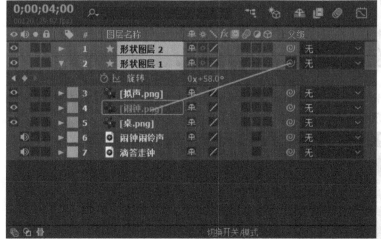

图8-61

图8-60

图8-62

10 选中"闹钟.png"图层，按P键调出"位置"属性，然后按住Alt键并单击左侧秒表按钮 ⊙，在表达式文本框中输入wiggle(20,thisComp.layer("调整图层1").effect("滑块控制")("滑块")/5)，其中thisComp.layer("调整图层1").effect("滑块控制")("滑块")语句可以通过拖曳"表达式关联器"按钮 ⊙ 动态链接到"滑块"属性值，如图8-63所示。

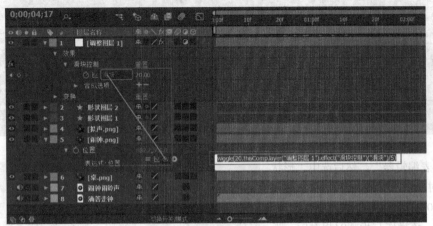

图8-63

11 选中"拟声.png"图层，按P键调出"位置"属性，然后按住Alt键单击左侧秒表按钮 ⊙，在表达式文本框中输入wiggle(20,thisComp.layer("调整图层1").effect("滑块控制")("滑块"))，如图8-64所示。通过添加这个表达式，可以让闹钟的拟声图案出现震动的效果。同时，仔细观察可以发现，这一步中的表达式比上一步中为"闹钟.png"图层添加的表达式少了一个"/5"，这样可以让"拟声.png"图层的震动幅度比"闹钟.png"图层更大。

图8-64

12 选中"拟声.png"图层，按T键调出"不透明度"属性。将时间指示器移动到4:00f并激活其关键帧，如图8-65所示，按PageUp键让时间指示器向前移动1f，并设置该属性值为0%，如图8-66所示。

图8-65

图8-66

13 单击"播放"按钮▶,观看制作好的闹钟动画。闹钟的指针在缓慢转动,当指向12点时,闹钟铃响,闹钟也开始震动,该动画的静帧图如图8-67所示。

图8-67

8.4.2 波形图

声音实质上是一种波,通过声源来回振动使空气分子产生疏密相间的排列。但是这种描述不便于让我们对声音有一个清晰的认识,于是便有了测量各个点气压随时间变化的方法,也就是横轴为时间,纵轴为压力值,绘制出曲线。气压距离标准值的偏差越大,说明振动越剧烈,响度越大,即声音的音量越大,如此便有了声音的波形图。

波形图又称振幅图,是一种用来表达音频的音量随时间变化的图表。波形图的横轴代表音频的时间,纵轴代表音频的音量。在After Effects中,展开"音频"图层的"音频>波形"属性,可以看到音频的波形图。如图8-68所示,可以看到该音频在3:00f和3:10f时的音量最高。

图8-68

单击"选择图表类型和选项"按钮▣并选择"显示音频波形"选项,如图8-69所示,还可以在"图表编辑器"中将音频波形作为背景显示。

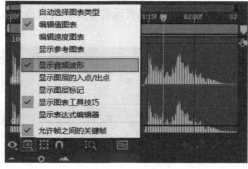

图8-69

选中"形状图层1"的"缩放"属性和音频图层，可以在"图表编辑器"中同时显示动画属性的速度/值曲线和音频的波形图，便于我们调整元素运动和音频节奏的匹配关系，如图8-70所示。

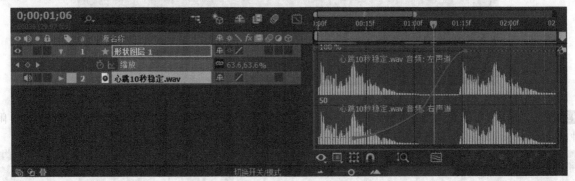

图8-70

8.4.3 与音效匹配

动画与音效匹配，需要关注的是音频的起始时间和结束时间。一般来说，音效的波形图比音频的更加简单，音效的波形图一般如图8-71所示。

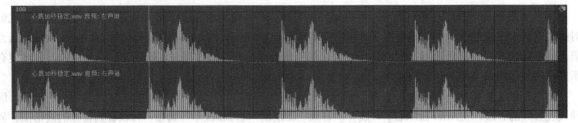

图8-71

音效的波形图一般有以下特点。

第1点，音效的持续时间较短。

第2点，波形图的波峰和波谷易于辨认。

第3点，对于重复多次的音效（如图8-71所示），音效间的音量基本为0。

另外，音效常常对应一种明确的物理现象，如敲击铃铛发出的叮铃声、心脏跳动的咚咚声。音效的开始时间和结束时间的意义也十分明确，如叮铃声开始代表着铃铛受到敲击，而叮铃声结束意味着铃铛停止晃动。因此对大部分音效来说，我们只需要注意动画的开始时间和结束时间与音效匹配即可。

8.4.4 与音乐节奏匹配

动画与背景音乐匹配，需要关注动画和背景音乐的节奏，可以适当踩点。音乐的波形图更加复杂，一般如图8-72所示。

图8-72

音乐的波形图一般有以下特点。

第1点，声音的持续时间长。

第2点，波谷难以辨认，波峰处的音量和附近相差不大。

第3点，基本没有音量为0的时段。

与音效不同的是，音乐没有特定的物理意义。因此，制作含有背景音乐的MG动画时需要让元素的运动完全与声波的波形契合。在选定背景音乐（先确定动画内容，再找合适风格的背景音乐）或是根据特定的背景音乐（先有音乐后有动画）制作动画时，需要考虑两者的整体节奏。快节奏动画一般搭配轻快的背景音乐，慢节奏动画一般搭配舒缓的背景音乐。

另外，将画面中的重点与音乐中的重点相结合可以起到强化观感的作用。如观看MV时，歌词或图像会随着重音一起出现，这样就能给人留下深刻的印象。总的来说，就是需使音乐和动画的关键点出现在同一时刻。对音乐来说，关键点就是波形图中较为明显的波峰所在的一小段时间，即音量明显高于前后的时段，我们可以在波形图中直观地看到它的位置，如图8-73所示。

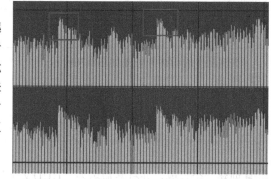

图8-73

对动画来说，关键点指的是元素的运动状态发生突变的一小段时间，即元素在速度上发生突变的时段。具体来说，元素在速度上的突变包括元素由静止转换为运动，由低速转换为高速，改变速度的方向（"位置"属性变化）等。如图8-74所示，观察速度曲线，可以看出左侧方框中显示的速度迅速地由慢变快，右侧方框中的速度则迅速地由正值变为负值，两者都是动画的关键点。观察值曲线，可以看出在方框位置的元素的速度变化方向发生了突变（对应速度曲线中的速度由正值变为负值），也可以看出此处是动画的关键点。

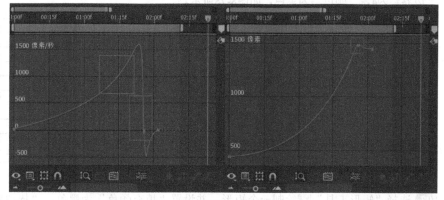

图8-74

提示 如图8-75所示，右侧的方框展示的是缓速停止运动的末尾部分。大多数初学者会将元素运动的停止时刻与音乐的重点相对应，这是错误的行为。经过缓速停止处理过的动画，其结束部分的运动速度变化平缓，因此不会吸引观者的注意力。事实上，这段动画的关键点在左侧的方框处。

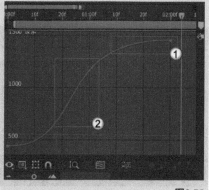

图8-75

8.5 课堂练习

为了让读者对元素的运动状态理解得更加透彻，这里准备了两个练习供读者学习，如有不明白的地方可以观看在线视频。

8.5.1 课堂练习：HUD风格文字动画

素材位置	无
实例位置	实例文件>CH08>课堂案例：HUD风格文字动画.aep
在线视频	课堂案例：HUD风格文字动画.mp4
学习目标	掌握出场顺序与画面节奏的匹配技术

本例制作的动画静帧图如图8-76所示。

图8-76

01 创建一个合成，并将其命名为"HUD文字"。按快捷键Ctrl+Y创建一个纯色图层，并设置颜色为黑色，然后在"合成"面板中选中纯色图层，执行"效果>生成>网格"菜单命令，为其添加网格特效，如图8-77所示。

02 调节"网格"效果参数，在"效果控件"面板中设置"大小依据"为"宽度滑块"，"宽度"为100，"边界"为4，"颜色"为黑色，如图8-78所示。

图8-77

图8-78

03 选择"矩形工具" ■ 绘制一个矩形，并设置"填充颜色"为黑色，"描边宽度"为10像素，"描边颜色"为白色。然后选中"形状图层1"，取消"矩形路径1"中"大小"属性的比例约束，设置该属性值为（100,300），如图8-79所示。

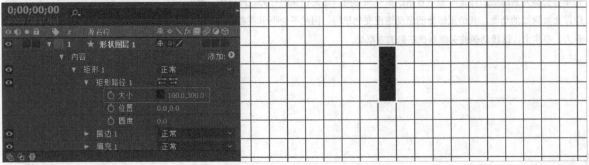

图8-79

04 选中"形状图层1",按快捷键Crtl+D创建一个副本,然后设置"形状图层2"中的"倾斜"为30°,
"形状图层1"中的"倾斜"为﹣30°,此时的形状为一个X形,如图8-80所示。

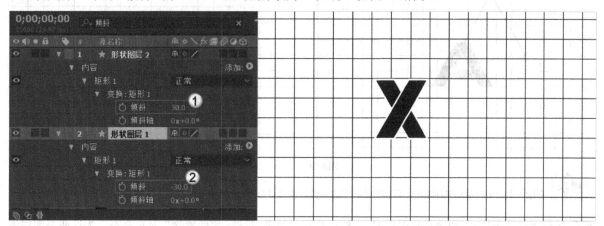

图8-80

05 按V键切换到"选取工具"模式,按住
Shift键并将"形状图层1"向右水平拖曳,
直至两个形状图层的顶部完全重合。此时的
形状为一个倒V形,效果如图8-81所示。

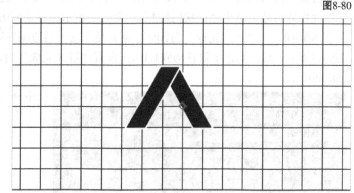

图8-81

06 选择"矩形工具" ▇ 在倒V形下方绘制一个矩形,并设置"大小"的高度值为80(宽度值保证不超过前
两个矩形间的距离即可),然后将该形状图层移动到两个矩形图层之下,完成A字的绘制,如图8-82所示。

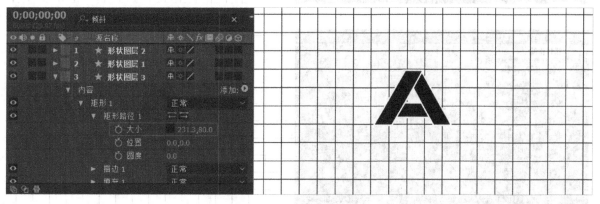

图8-82

07 选择"多边形工具" ⬡ 并按住Shift键绘制一个略大于A字的正三角形,同时设置"描边颜色"为黑色,
且不使用填充,效果如图8-83所示。

08 按V键切换到"选取工具"模式,将三角形移动到完整地包围A字的位置,并使各条边到A字各边的垂直
距离相等,效果如图8-84所示。

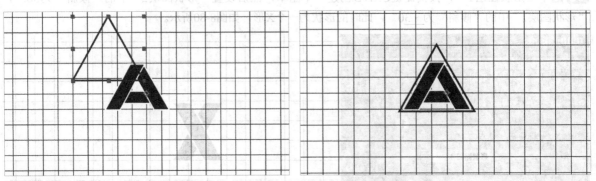

图8-83 图8-84

提示 在绘制多边形时滚动鼠标滚轮，可以快速将多边形的边数调整为3。

09 选择"形状图层1"和"形状图层2"，然后执行"效果>过渡>线性擦除"菜单命令，为这两个图层添加线性擦除特效。选中"形状图层2"，将时间指示器移动到0:00f，在"效果控件"面板中设置"擦除角度"为0x+0°，"过渡完成"为70%，也就是左侧的斜边刚好消失，同时激活"过渡完成"的关键帧，如图8-85所示；将时间指示器移动到1:10f，设置"过渡完成"为40%，也就是右侧的斜边刚好完全显示，如图8-86所示。

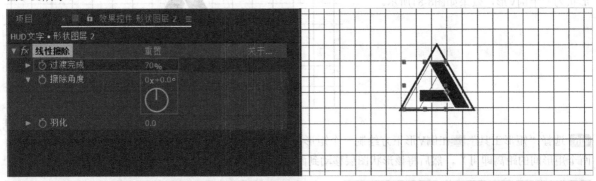

图8-85

图8-86

10 选中"形状图层1"，将时间指示器移动到1:00f，设置"过渡完成"为52%，"擦除角度"为0x+240°，也就是左侧斜边刚好消失，同时激活"过渡完成"的关键帧，如图8-87所示；将时间指示器移动到2:10f，设置"过渡完成"为47%，也就是右侧的斜边刚好完全显现，如图8-88所示。

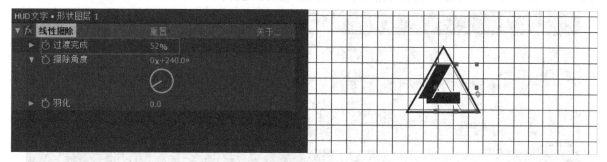

图8-87

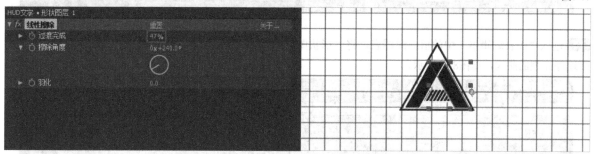

图8-88

> **提示** 由于读者在绘制图形时无法保证与案例中绘制的图形完全相同，因此此处设置的参数仅供参考，读者应该在"合成"面板中以斜边是否刚好消失或完全显现为准。

11 选中"形状图层3"，执行"效果>过渡>百叶窗"菜单命令，为其添加百叶窗特效，然后在"效果控件"面板中设置"方向"为0x + 30°，如图8-89所示。

12 选中"形状图层3"，将时间指示器移动到2:00f，设置"过渡完成"为100%，，也就是斜边刚好消失，单击左侧的秒表按钮 激活其关键帧，如图8-90所示；将时间指示器移动到3:00f，设置"过渡完成"为40%，也就是斜边刚好完全显示，如图8-91所示。

图8-89

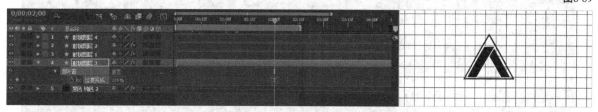

图8-90

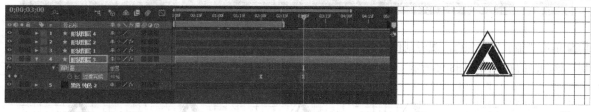

图8-91

13 选中所有的关键帧，按F9键将其转化为缓动关键帧，如图8-92所示。

图8-92

14 进入"图表编辑器"中的值曲线图表，将"形状图层1""形状图层2""形状图层3"3条值曲线均修改为缓速停止型的曲线，如图8-93所示。

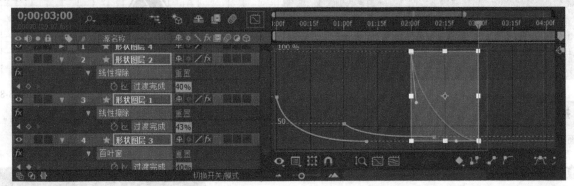

图8-93

15 退出"图表编辑器"，结合预览效果调整每组关键帧的位置，使3组元素运动的快速阶段和缓速阶段在时间上各自重合，如图8-94所示。

图8-94

16 单击"播放"按钮▶，观看制作好的HUD风格文字动画，可以看到在网格背景上，A字的3条边各自出现，该动画的静帧图如图8-95所示。

图8-95

8.5.2 课堂练习：音乐播放器动画

素材位置	素材文件>CH08>课堂练习：音乐播放器动画
实例位置	实例文件>CH08>课堂练习：音乐播放器动画
在线视频	课堂练习：音乐播放器动画.mp4
学习目标	掌握动画与音乐节奏匹配的技术

本例制作的动画静帧图如图8-96所示。

图8-96

01 导入本书学习资源中的素材"素材文件>CH08>课堂练习：音乐播放器动画>播放.png、暂停.png、播放器.png、未来科技音乐.wav"，并将"播放器.png"文件拖曳到"新建合成"按钮■上，即可创建一个"播放器"合成。然后将"播放.png"和"暂停.png"拖曳到合成中，接着在"合成"面板中调整两个按钮的位置，使其位于按钮一栏，如图8-97所示。

图8-97

02 将"未来科技音乐.wav"拖曳到合成中，展开"音频"中的"波形"属性，观察该背景音乐的波形图，可以看到该音频从第2秒开始音量变大，如图8-98所示。

图8-98

03 将时间指示器移动到第2秒，按快捷键Alt+[删除2s前的音频；将时间指示器移动到第5秒，按Alt+]键删除5s后的音频，如图8-99所示。最后将裁剪后的音频文件向左移动，使音频的开始时间在第0秒，如图8-100所示。

图8-99

图8-100

04 按快捷键Ctrl+Y创建一种纯色图层（使用任意一种颜色），然后执行"效果>生成>音频频谱"菜单命令，为其添加音频频谱效果。在"效果控件"面板中单击"起始点"属性后的准星状按钮，然后在"合成"面板中单击播放器屏幕左边缘的中点，将起始点设置在该位置，如图8-101所示。同理，将结束点设置在屏幕右边缘的中点，如图8-102所示。

图8-101

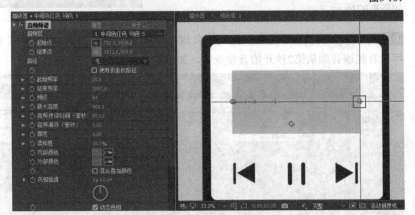

图8-102

05 设置"音频层"为"5.未来科技音乐.wav"，"厚度"为6，"柔和度"为10%，"内部颜色"和"外部颜色"均为深灰色（R:94，G:94，B:95），如图8-103所示。

图8-103

06 选中添加"音频频谱"效果的纯色图层和音频图层，单击鼠标右键并选择"预合成"选项，将其合并到一个合成中。选中"预合成1"图层，然后单击鼠标右键并选择"时间>在最后一帧上冻结"选项，After Effects会向其添加"时间重映射"效果。将最后一个关键帧移动到第3秒，并设置"时间重映射"为0:00:02:29，这样"预合成1"的运动状态将在3s之后完全静止，即音乐在第3秒停止，如图8-104所示。

图8-104

07 选中"暂停.png"和"播放.png"图层，按S键调出"缩放"属性。将时间指示器移动到第3秒，并设置该属性值为（0%,0%），单击其中任意一个秒表按钮 激活两者的关键帧。使"暂停.png"的终点和"播放.png"的起点在同一时刻，完成暂停按钮到播放按钮的动画跳转，如图8-105所示。

图8-105

08 选中"暂停.png"图层，将时间指示器移动到2:25f，并设置"缩放"为（100%,100%），如图8-106所示；选中"播放.png"图层，将时间指示器移动到3:05f，并设置"缩放"为（100%,100%），如图8-107所示。选中这两个图层上的4个关键帧，按F9键将其转换为缓动关键帧，完成暂停按钮转变为播放按钮的动画制作。

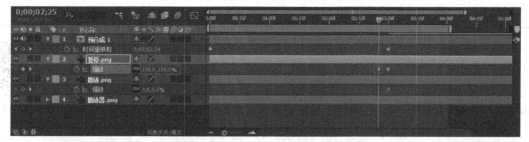

图8-106

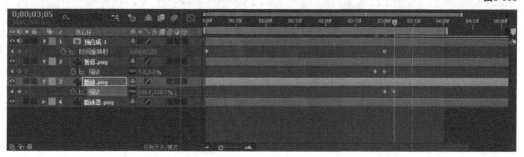

图8-107

09 单击"播放"按钮▶，观看制作好的音乐播放器动画。单击暂停按钮‖后，音乐播放和音乐频谱图案将同时暂停，并且暂停按钮立即转变为播放按钮。该动画的静帧图如图8-108所示。

图8-108

8.6 课后习题

为了巩固前面学习的知识，下面安排两个习题供读者课后练习。

8.6.1 课后习题：房屋生成动画

素材位置	素材文件>CH08>课后习题：房屋生成动画
实例位置	实例文件>CH08>课后习题：房屋生成动画
在线视频	课后习题：房屋生成动画.mp4
学习目标	熟练掌握变速动画的制作方法

本例制作的动画静帧图如图8-109所示。读者需要调节锚点的位置，然后为动画添加"缩放"属性，将其调节成回弹停止运动状态。

图8-109

8.6.2 课后习题：拨号动画

素材位置	素材文件>CH08>课后习题：拨号动画
实例位置	实例文件>CH08>课后习题：拨号动画
在线视频	课后习题：拨号动画.mp4
学习目标	熟练掌握变速动画的制作方法

本例制作的动画静帧图如图8-110所示。读者需要设置动画的"不透明度"属性，并使动画与铃声匹配。

图8-110

第9章

基础元素动画训练

在MG动画中，我们常常会看到一些小元素在动画中频繁地出现，如元素突然出现时伴随的扩散式运动或放射状线条。这些基础元素本身十分简单，但是通过将其与画面中的其他元素相组合，或是对主要元素进行修饰，动画会表现得更加生动。本章将学习3种常见的基础元素，并通过研究它们的速度曲线，了解其更加丰富的运动状态。

课堂学习目标

- 制作轨迹线条动画
- 制作图形叠加动画
- 制作图形蒙版遮罩动画

9.1 图形蒙版/遮罩元素

图形蒙版/遮罩元素指的是通过将另外一个元素作为元素的遮罩或是添加蒙版，而制作的一种简单的动画元素，有时图形的副本就可以是它的遮罩。由于图形和遮罩元素本身就有动画动作，因此通过添加遮罩这一简单步骤便可以制作出丰富的动画效果。

本节内容介绍

名称	作用	重要程度
基础动画效果	理解蒙版/遮罩动画的运行原理	高
优化速度曲线	了解速度曲线对动画产生的影响	高

9.1.1 课堂案例：擦除文字动画

素材位置	无
实例位置	实例文件>CH09>课堂案例：擦除文字动画.aep
在线视频	课堂案例：擦除文字动画.mp4
学习目标	掌握图形蒙版/遮罩动画的制作方法

本例制作的动画静帧图如图9-1所示。

ERASE   ERASE

图9-1

01 新建一个合成，并将其命名为"擦除文字"。按快捷键Ctrl+Y创建一个形状图层，并设置颜色为淡灰色，使用"钢笔工具" ◢ 绘制图9-2所示的闭合路径形状，设置颜色为绿色（R:163，G:231，B:138），"描边宽度"为0像素。

> **提示** 绘制闭合路径形状时，可以先绘制下方的两个关键节点，然后调整第3个关键节点的手柄，使形状发生变化。

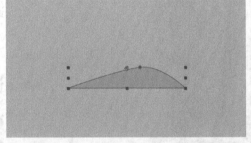

图9-2

02 单击"工具创建蒙版"按钮 ▦，在"形状图层1"中创建图9-3所示的蒙版。

> **提示** 这里为了更好地辨认形状，图中的蒙版模式显示为"无"，但是在实际操作时应该为"相加"。

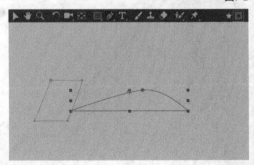

图9-3

03 将时间指示器移动到0:00f，然后单击"蒙版路径"属性左侧的秒表按钮 ⓞ 激活其关键帧；将时间指示器移动到1:15f，将蒙版拖曳到图9-4所示的位置。

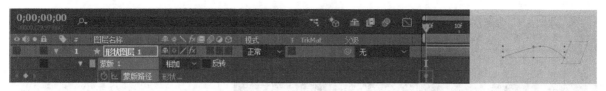

图9-4

04 选中"形状图层1",执行"效果>扭曲>波纹变形"菜单命令,为其添加波纹变形效果,在"效果控件"面板中设置"波形高度"和"波形宽度"均为40,"方向"为0x + 150°,"波形速度"为0.1,如图9-5所示。

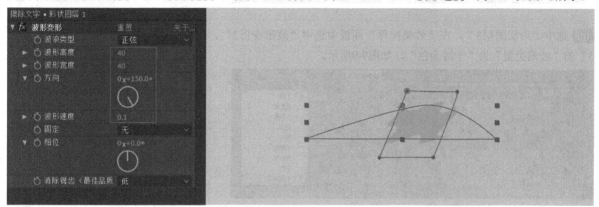

图9-5

05 在"效果控件"面板中选中"波纹变形",按快捷键Ctrl+D创建一个副本,然后设置"波纹变形2"的"波形高度"和"波形宽度"均为50,"方向"为0x + 140°,如图9-6所示。

图9-6

06 选中"形状图层1",然后创建一个副本,接着修改副本中的两个"波形变形"参数,使其与原本不同。这里设置"波形变形"的"波形高度"和"波形宽度"均为60,"方向"为0x + 129°;设置"波形变形2"的"波形高度"和"波形宽度"均为70,"方向"为0x + 152°,如图9-7所示。

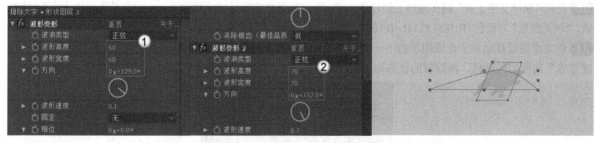

图9-7

07 选中"形状图层2",然后创建一个副本,修改副本中的两个"波形变形"的参数,使其与原本不同。这里设置"波形变形"的"波形高度"和"波形宽度"均为55,"方向"为0x + 135°;设置"波形变形2"的"波形高度"和"波形宽度"均为65,"方向"为0x + 170°,如图9-8所示。

图9-8

08 选中"形状图层3"，在"效果控件"面板中选中"波形变形2"，然后创建一个副本，设置"波形变形3"的"波浪类型"为"平滑杂色"，如图9-9所示。

图9-9

09 选中3个形状图层，单击鼠标右键并选择"预合成"选项，将其合并到一个预合成中，这样我们可以只对新的合成添加一次效果，就能将效果应用于之前制作的所有形状图层。然后执行"效果>透视>CC Cylinder"菜单命令，为其添加圆柱投影效果，并设置"Radius（%）"为200，"Ambient"为100，如图9-10所示。

图9-10

提示 这个效果是将图层投影到一个圆柱体上，"Radius"属性代表了圆柱体半径的大小，"Ambient"属性则代表了环境光照的强度。

10 使用"横排文字工具" **T** 在涂鸦上创建点文字，待切换至文字编辑模式后输入erase，并设置字体大小为180像素，"填充颜色"为紫色（R:185，G:141，B:169），然后应用"全部大写字母"，效果如图9-11所示。

11 将文字图层移动到子合成图层的下一层，然后执行"效果>过渡>线性擦除"菜单命令，在第0秒激活"过渡完成"属性的关键帧，擦除前的状态如图9-12所示。

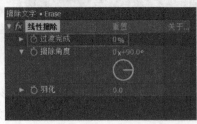

图9-11

图9-12

12 逐步向后拖曳时间指示器，并随时修改"过渡完成"属性值，使文字随着擦除图案完成过渡，如图9-13至图9-17所示。

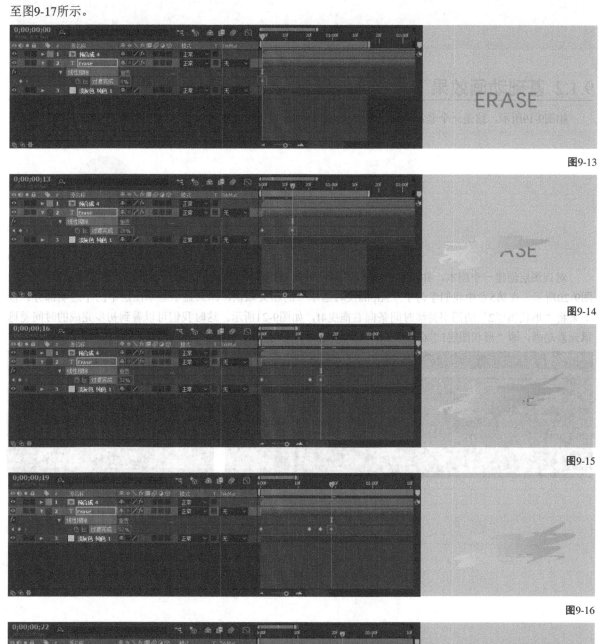

图9-13

图9-14

图9-15

图9-16

图9-17

13 单击"播放"按钮▶，观看制作好的擦除文字动画，可以看到随着擦除图案的变化，文字也随之消失，该动画的静帧图如图9-18所示。

图9-18

9.1.2 基础动画效果

如图9-19所示，这是一个非常基础的缩放动画。下面通过创建副本来展示环状扩散效果的制作方法。

图9-19

对该图层创建一个副本，并设置"形状图层1"的轨道遮罩模式为"Alpha反转遮罩'形状图层2'"，如图9-20所示。在第5章中我们学习了"Alpha反转遮罩"的相关知识，即只显示遮罩图层中的不透明部分。接下来将"形状图层2"的图层持续时间条向右拖曳4f，如图9-21所示。这时我们可以看到初步完成的时间差遮罩元素动画，即"形状图层1"在放大到一半后，遮罩开始进行放大运动，该动画的静帧图如图9-22所示。

图9-20   图9-21

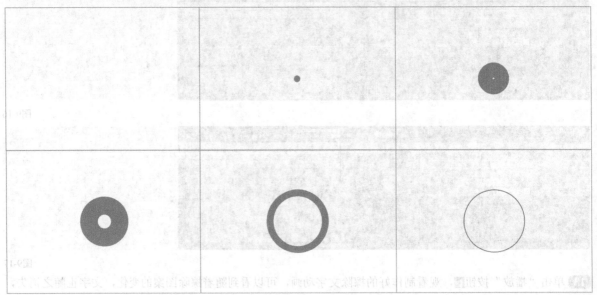

图9-22

9.1.3 优化速度曲线

进入"图表编辑器"查看值曲线，选中两个形状图层的"缩放"属性，可见样例中圆环的宽度就是两条曲线之间的差值，如图9-23所示。圆环在0~4f时宽度增大，4~10f时扩散，10f之后宽度减小并扩散消失。换句话说，我们可以通过调整这两条值曲线的形状和位置，来改变样例中环状扩散动画的效果。

图9-23

如果想要圆环最后不消失，那么可以调整"形状图层2"的值曲线，使其终点值小于100%，值曲线形状和最终的画面效果如图9-24所示。

如果我们希望在扩散过程中环形的宽度更小，并且环形的宽度随时间变化，那么可以将值曲线调整为图9-25所示的形状，该动画的静帧图如图9-26所示。

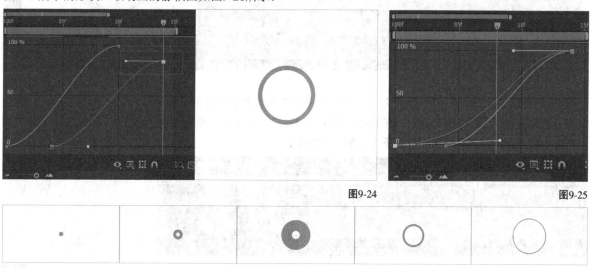

图9-24

图9-25

图9-26

9.2 轨迹线条元素

轨迹线条元素为一类线状的动画元素，一般表现为一段长度固定或不定的线段在某一轨迹上滑动。轨迹线条元素可以用来凸显主元素的轮廓，或是修饰主元素的运动路径。在After Effects中，我们可以使用形状图层的描边功能来制作轨迹线条元素。

本节内容介绍

名称	作用	重要程度
基础动画效果	理解轨迹线条动画的运行原理	高
优化速度曲线	了解速度曲线对动画产生的影响	高

9.2.1 课堂案例：定位路线动画

素材位置	素材文件>CH09>课堂案例：定位路线动画
实例位置	实例文件>CH09>课堂案例：定位路线动画
在线视频	课堂案例：定位路线动画.mp4
学习目标	掌握轨迹线条动画的制作方法

本例制作的动画静帧图如图9-27所示。

图9-27

01 创建一个合成，并将其命名为"定位路线"。导入图片素材"素材文件>CH09>课堂案例：定位路线动画>定位.png、图标.png"，然后将其拖曳到合成中，接着按S键调出两个图层的"缩放"属性，并设置"定位.png"的属性值为（70%,70%），"图标.png"的属性值为（50%,50%），最后将图标放置在手机的上方，如图9-28所示。

图9-28

02 按快捷键Ctrl+Y创建一个纯色图层，并设置"颜色"为浅紫色（R:39，G:39，B:39），然后将其放置在底层，接着选中"图标.png"图层，按快捷键Ctrl+D创建一个副本，并重命名为"图标2"，设置"缩放"为（70%,70%），并将其放置在手机的下方，如图9-29所示。

图9-29

03 使用"钢笔工具" 在两个图标之间创建路径，并且不使用填充，同时设置"描边宽度"为6像素，然后单击"虚线"右侧的 按钮，并设置"虚线"为30，如图9-30所示。

图9-30

04 选中"形状图层1",然后单击"内容"属性后的"添加"菜单按钮 ,并选择"修剪路径1"选项添加修剪路径。将时间指示器移动到第0秒,设置"结束"为0%,并激活其关键帧,如图9-31所示;将时间指示器移动到第2秒,设置"结束"为100%,如图9-32所示。

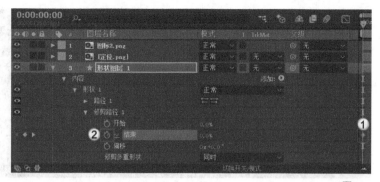

图9-31

图9-32

05 选中"图标2"图层,使用"锚点工具" 将锚点移动到图标的底部,效果如图9-33所示。

图9-33

06 选中"图标2"图层,按S键调出"缩放"属性。将时间指示器移动到1:24f,设置该属性值为(0%,0%),然后激活其关键帧,如图9-34所示;将时间指示器移动到2:14f,设置该属性值为(100%,100%),如图9-35所示。

图9-34

图9-35

07 单击"播放"按钮▶，观看制作好的定位路线动画，该动画的静帧图如图9-36所示。

图9-36

9.2.2 基础动画效果

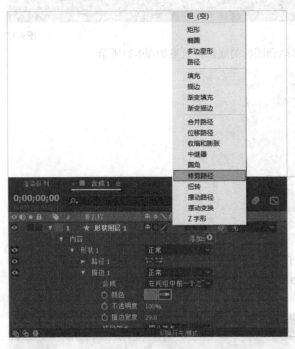

轨迹线条是开放路径，一般使用"钢笔工具"绘制形状路径，并且不进行填充。下面用波浪形路径展示轨迹的常规运动方式。在制作好轨迹之后，单击"内容"属性后的"添加"菜单按钮并选择"修剪路径"选项，如图9-37所示。"修剪路径"可以让线条两端的位置发生偏移，从而使线条产生伸缩和流动的动画效果。

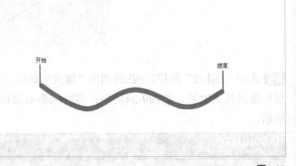

图9-37

> **提示** 不是所有的图层都能够添加"修剪路径"，它只适用于形状图层。

对"修剪路径"的"开始"和"结束"关键帧进行设置，能制作出不同的动画效果。将时间指示器移动到0:00f，单击左侧的秒表按钮，激活"开始"和"结束"属性的关键帧，并将这两个属性值均设置为0%，如图9-38所示；将时间指示器移动到2:00f，并设置"开始"和"结束"的属性值均为100%，如图9-39所示。选中所有的关键帧，按F9键将其转换为缓动关键帧。

图9-38 **图9-39**

选中"结束"属性的两个关键帧,并将其向后移动约10f,如图9-40所示。这时我们可以看到初步的轨迹线条元素动画,该动画用到了时间差,使一条完整的波浪线只显示出部分的运动轨迹。该动画的静帧图如图9-41所示(为了便于辨认,图中显示了修剪前的形状路径)。

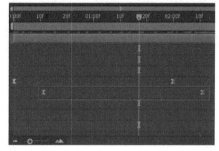

图9-40

图9-41

9.2.3 优化速度曲线

通过优化基础动画的速度曲线,我们可以得到更加接近预期的动画效果。

1.调整时间差

在上述步骤中,"开始"和"结束"两个属性关键帧之间的时间差约为10f,通过减小或增加两者之间的时间差,可以缩短或增加运动线段的长度。如图9-42所示,将两者之间的时间差增加到1s。

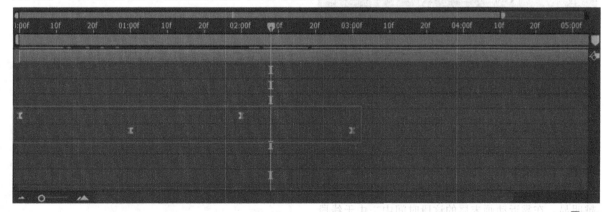

图9-42

对比新旧动画的效果,观察动画播放到一半时的线段长度,可以看到增加了"开始"和"结束"属性关键帧之间的时间差后,线段的长度有明显的增长,效果如图9-43所示。

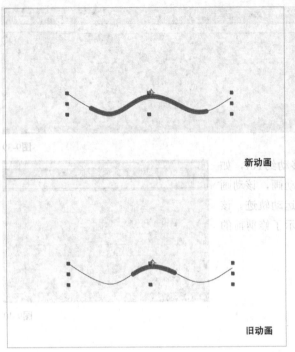

新动画

旧动画

图9-43

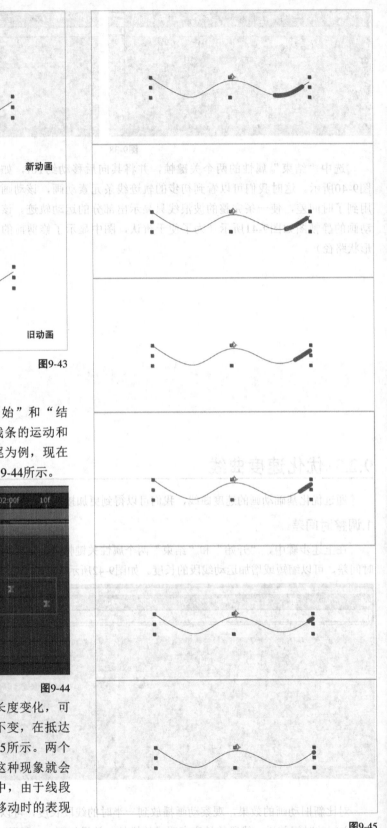

2.同时开始/结束

在动画的开头或结尾处，当"开始"和"结束"属性关键帧之间存在时间差时，线条的运动和长度变化不会同步发生。以动画的结尾为例，现在两个关键帧之间的时间差约为10f，如图9-44所示。

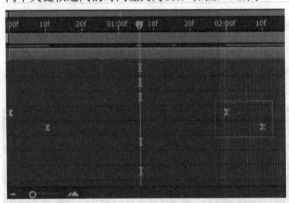

图9-44

观察动画播放即将结束时线段的长度变化，可以看到线段在到达末尾之前长度几乎不变，在抵达末尾之后长度开始缩短，效果如图9-45所示。两个属性关键帧之间存在的时间差越大，这种现象就会越明显。在靠近动画末尾的这段时间中，由于线段的末端处于静止状态，与之前线段在移动时的表现有明显不同，这样会给人一种割裂感。

图9-45

为了让动画的结束部分更加平滑，我们可以将"开始"和"结束"属性关键帧在末尾处的时间差设置为0，如图9-46所示。

图9-46

观察动画播放即将结束时线段的长度变化，可以看到随着线段逐渐到达末尾，线段的长度也在不断缩短，效果如图9-47所示。当线段到达末尾时，线段的长度也恰好缩短到0，那么我们便成功地为这段动画添加了一个平滑的结尾。

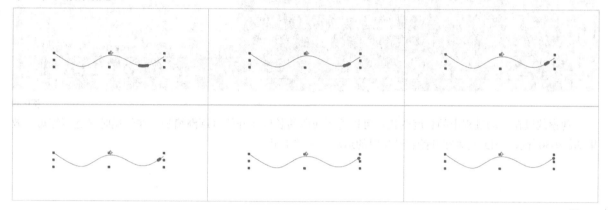

图9-47

提示 这里为了便于辨认，以动画在结尾时的运动效果为例进行演示，动画在开始时的效果应用也是同样的原理。经过尝试不难发现，使用上一步中的方法，在动画开始时，将"开始"和"结束"属性关键帧之间的时间差均减小到0，线段本身就消失了。这是因为"开始"和"结束"属性的速度曲线完全相同，这时就等效于"修剪路径"对形状进行了完全的修剪，自然无法看到形状。如果要看轨迹的变化，那么就需要在开始时对"开始"和"结束"属性关键帧的属性值进行调整，这个用法将在下一步进行讲解。

3.同时开始且同时结束

如果我们希望动画在开始和结尾处都比较平滑，那么可以通过调整形状图层的值曲线或速度曲线的方法来实现。将动画在开始时的两个关键帧的时间差均减小到0，如图9-48所示。

图9-48

选中"开始"和"结束"属性，进入"图表编辑器"查看这两个属性的值曲线。通过调整"开始"属性值曲线两侧的手柄，使"开始"的值曲线整体低于"结束"的值曲线，两条曲线在同一时刻的值之差就代表了线段的长度，如图9-49所示。

图9-49

观察线段在运动过程中的长度变化，可以看到线段的长度在开始时逐渐增加，在结尾时又逐渐缩短，效果如图9-50所示。因此动画在开始和结尾时的运动都比较平滑。

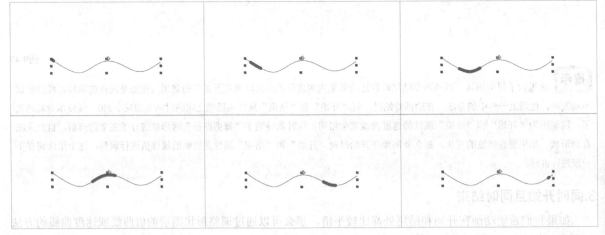

图9-50

9.3 图形叠加元素

图形叠加元素为多个运动状态相似的小元素组合而成的元素。图形叠加元素常常本身就带有很强的随机性，既可用作修饰元素，也可用作画面中的主元素（包括多条射线、多个运动图形等）或过渡效果。由于图形本身具有动画动作，通过叠加图形这一简单步骤便可以制作出丰富的动画效果。

本节内容介绍

名称	作用	重要程度
基础动画效果	理解轨迹线条动画的运行原理	高
重复叠加元素	了解元素多次叠加对动画产生的影响	高
优化效果和速度曲线	了解速度曲线对动画产生的影响	高

9.3.1 课堂案例：能量汇聚膨胀效果动画

素材位置	无
实例位置	实例文件>CH09>课堂案例：能量汇聚膨胀效果动画.aep
在线视频	课堂案例：能量汇聚膨胀效果动画.mp4
学习目标	掌握图形叠加动画的制作方法

本例制作的动画静帧图如图9-51所示。

图9-51

1.射线汇聚动画

01 新建一个合成，并将其命名为"能量汇聚"。按快捷键Ctrl+Y创建一个形状图层，并设置颜色为黑色（R:39，G:39，B:39），效果如图9-52所示。

02 使用"钢笔工具" 绘制一条射线（起点接近画面的中心），并设置"描边宽度"为6像素，"描边颜色"为紫色（R:198，G:142，B:227），然后使用"锚点工具" 将锚点移动到射线的起点，效果如图9-53所示。

图9-52

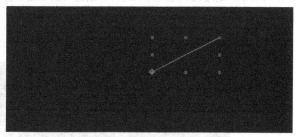

图9-53

03 选中"形状图层1"，然后单击内容右侧的"添加"菜单按钮 ，并选择"修剪路径"选项为其添加修剪路径。将时间指示器移动到0:00f，然后激活"修剪路径"的"开始"和"结束"属性的关键帧，并设置这两个属性值均为100%，如图9-54所示；将时间指示器移动到20f，并设置这两个属性值均为0%，如图9-55所示。

图9-54

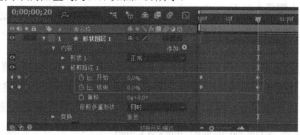

图9-55

04 选中所有的关键帧，按F9键将其转换为缓动关键帧。然后将"结束"属性的两个关键帧都向后拖曳3f，如图9-56所示。

图9-56

05 选中"开始"和"结束"属性，进入"图表编辑器"将这两个属性的值曲线分别调整为图9-57所示的形状，调整完成后退出"图表编辑器"。这样操作可以让射线的长度随时间变化而增加，丰富动画内容。

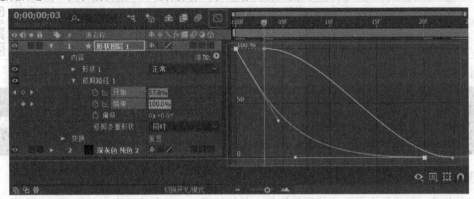

图9-57

06 上述步骤用于创建副本的基础元素，为了减少后续工作，我们可以对一些属性设置相应的表达式。选中"形状图层1"，按S键调出"缩放"属性，然后按住Alt键并单击秒表按钮，在表达式文本框中输入以下内容，如图9-58所示。通过设置这两行表达式，创建的副本便不会和原本完全相同，省去了后续调整参数的麻烦。

```
seedRandom(index, timeless = true)
transform.scale + random()*[20,20]
```

图9-58

> **提示** 在上述表达式中，第1句是用来使图层产生的随机数不重复，第2句是为尺寸添加一个0%~20%的随机变化值，这样每次产生的副本尺寸就会有微小的差别。

07 与上一步的操作思路相同，我们也可以通过设置表达式让副本的旋转角度与原本不同。选中"形状图层1"，按R键调出"旋转"属性，然后按住Alt键并单击秒表按钮，在表达式文本框中输入以下内容，如图9-59所示。这样每次生成的副本的旋转角度就会有随机的差值，差值均值为30°。

```
seedRandom(index, timeless = true)
transform.rotation + 30*index + random(10)−5
```

图9-59

08 选中"形状图层1",按快捷键Ctrl+D创建一个副本,并重复操作11次,如图9-60所示。

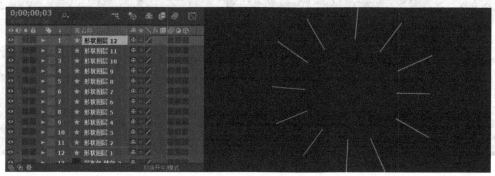

图9-60

09 拖曳12个形状图层的持续时间条,随机调整12个形状图层的开始时间,如图9-61所示。

图9-61

10 单击"播放"按钮▶,观看制作好的射线汇聚动画,该动画的静帧图如图9-62所示。

图9-62

2.小球膨胀动画

01 使用"椭圆工具"◯并按住Shift键绘制一个圆形,设置"填充颜色"为(R:192,G:138,B:220),然后在"对齐"面板中单击"水平对齐"按钮█和"垂直均匀分布"按钮█,使其位于画面的中心,效果如图9-63所示。

02 按S键调出"形状图层13"的"缩放"属性,将时间指示器移动到第1束射线到达中心的时间点,并设置该属性值为(0%,0%),如图9-64所示;将时间指示器移动到所有射线几乎汇聚完成的时间点,并设置该属性值为(159%,159%)(根据绘制时的大小自行调整),将两个关键帧转换为缓动关键帧,如图9-65所示。

图9-63

图9-64

239

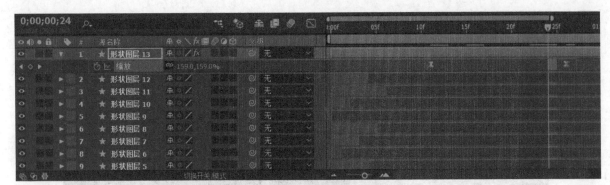

图9-65

提示 第1束射线到达中心的时间点是通过观察画面计算的，如图9-66所示，这时将时间指示器移动到大致的位置即可。

图9-66

03 选中"形状图层13"，然后进入"图表编辑器"中的值图表面板，将"缩放"属性的值曲线调整为图9-67所示的形状，调整完成后退出"图表编辑器"。让后续的图形在放大时的速度变得更慢。

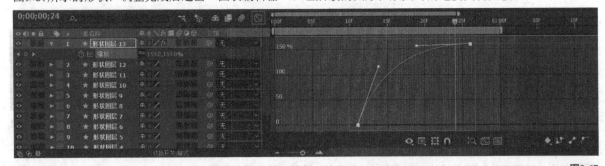

图9-67

04 选中"形状图层13"，按快捷键Ctrl+D创建一个副本，然后按S键调出副本的"缩放"属性，单击左侧的秒表按钮取消激活关键帧，并设置该属性值为（300%,300%），使其成为一个较大的静止圆形，如图9-68所示。

图9-68

05 选中"形状图层14"，执行"效果>风格化>发光"菜单命令，为其添加发光效果，然后执行"效果>模拟>CC Star Burst"菜单命令，为其添加星爆效果，以此作为星空效果背景，效果如图9-69所示。

06 单击"播放"按钮▶，观看制作好的特效能量汇聚膨胀动画，可以看到随着从各个方向随机收束射线，中心的球体在逐渐膨胀。该动画的静帧图如图9-70所示。

图9-69

图9-70

9.3.2 基础动画效果

创建了首个图形之后，一般会为其添加动画效果，如执行"效果>过渡>径向擦除"菜单命令，为其添加径向擦除效果。将时间指示器移动到第0秒，在"效果控件"面板中设置"过渡完成"为100%，并激活该属性的关键帧，如图9-71所示；将时间指示器移动到第1秒，并设置"过渡完成"为0%，如图9-72所示。选中所有关键帧，按F9键将其转换为缓动关键帧。

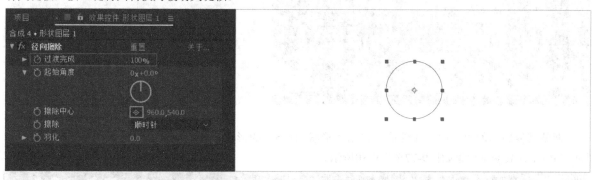

图9-71

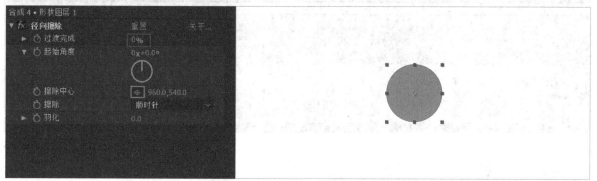

图9-72

执行"效果>透视>径向阴影"菜单命令，为其添加径向阴影效果。在"效果控件"面板中设置"不透明度"为25%，"投影距离"为2，"柔和度"为25。这时我们可以看到初步完成的图形元素动画，如图9-73所示，该动画的静帧图如图9-74所示。

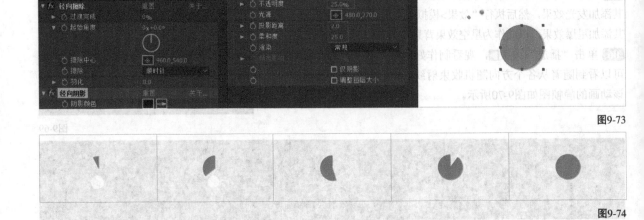

图9-73

图9-74

9.3.3 重复叠加元素

通过按快捷键Ctrl+D将图形重复叠加多次，按S键调出所有图层的"缩放"属性。选中"形状图层5"，并设置"缩放"属性值的大小为（562%，562%），使圆形刚好可以遮住全部画面，如图9-75所示。

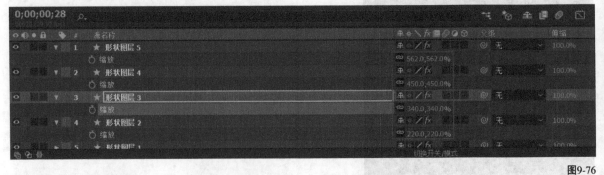

图9-75

调整其他副本的"缩放"属性值，根据"形状图层5"的形状，使其他副本的形状大小逐渐减小，如图9-76所示，其动画效果如图9-77至图9-80所示。

图9-76

图9-77　　　　　　　图9-78　　　　　　　图9-79　　　　　　图9-80

依次拖曳副本图层的持续时间条，使每一个图层的时间都基于前一个图层向后移动6f，如图9-81所示。

图9-81

观察形状在运动过程中的变化，可以看到一个个蓝色扇形出现并填满了画面，达到转场效果，效果如图9-82所示。

图9-82

9.3.4 优化效果和速度曲线

通过调整元素动画的效果参数或优化基础动画的速度曲线，我们可以得到更加接近预期的动画效果。

1.调整效果参数

有时我们可能会认为动画中叠加部分的阴影颜色过深，影响了观感，调整效果中的"起始角度"参数可以减少阴影的叠加。如调整副本图层的"起始角度"属性值，使每一个图层的角度都基于前一个图层增加2°，如图9-83所示。

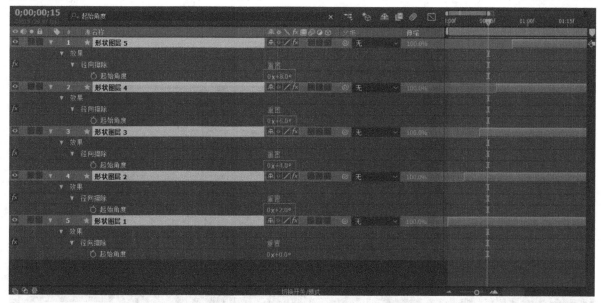

图9-83

📖 **知识点：项目/合成/图层的关系**

要想批量并且快速找到一些不太常用的属性，可以选中目标图层，在"时间轴"面板的搜索栏中输入"起始角度"，所有图层的"起始角度"属性都将会展开，如图9-84所示。

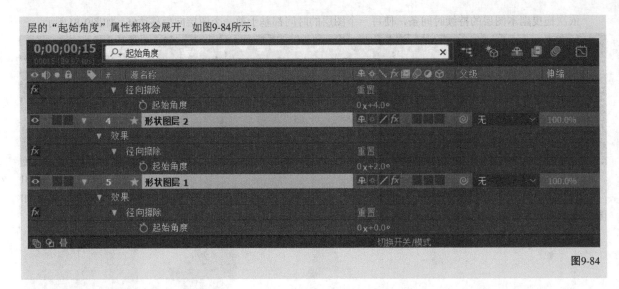

图9-84

此时，图形叠加元素的动画已经制作完毕，动画静帧图如图9-85所示，可以看到阴影颜色过深的问题得到了解决。

图9-85

提示 当然，我们也可以在创建副本前为该属性设置2*(5 - index)这一表达式，这样属性值就会与图层的序号相关联，如第2个图层中的值就是2×（5 - 2）=6，从而进一步减少后续在调整参数时的工作量。

2.调整速度曲线

有时我们可能想让这几个圆形同时完成过渡，而不是按照现在这样依次过渡。选中所有形状图层，按U键调出所有设置了关键帧的属性，如图9-86所示。

图9-86

对关键帧的位置进行简单的调整，将每个图层的结束关键帧拖曳到同一时间点，如图9-87所示。

图9-87

观察形状在运动过程中的变化，可以看到各个形状同步完成过渡，效果如图9-88所示。

图9-88

9.4 课堂练习：HUD风格转场动画

素材位置	无
实例位置	实例文件>CH09>课后练习：HUD风格转场动画.aep
在线视频	课后练习：HUD风格转场动画.mp4
学习目标	掌握各个基础元素的综合应用

本例制作的动画静帧图如图9-89所示。

图9-89

9.4.1 课堂练习：环形扩散动画

01 新建一个合成，并将其命名为"HUD准星"。按快捷键Ctrl+Y创建一个形状图层，并设置颜色为黑色（R:17，G:17，B:17），然后再创建一个形状图层，并设置颜色为蓝色（R:39，G:31，B:183），接着使用"椭圆工具"■创建一个椭圆形，效果如图9-90所示。

图9-90

02 选中"深蓝色 纯色2"图层，并设置"蒙版羽化"为（500,500）像素，"蒙版扩展"为200像素，如图9-91所示。

图9-91

03 按T键调出"深蓝色 纯色2"的"不透明度"属性，并设置该属性值为15%，将其拖曳到画面的上方，效果如图9-92所示。

04 再次创建一个形状图层，并使用任意一种颜色，然后执行"效果>生成>网格"菜单命令，在图层上生成一幅网格，效果如图9-93所示。

图9-92

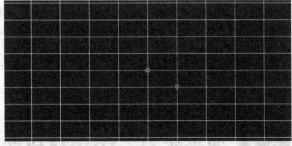

图9-93

05 在"效果控件"面板中，设置"大小依据"为"宽度滑块"，"宽度"为160，"边界"为1，如图9-94所示。

图9-94

06 使用"椭圆工具" ⬤并按住Shift键绘制一个圆形，同时设置"填充颜色"为白色，然后按快捷键Ctrl+Alt+Home将锚点移动到图层的中心，依次单击"对齐"面板中的"水平对齐"按钮■和"垂直均匀分布"按钮■，将形状移动到画面的中心，效果如图9-95所示。

07 选中"形状图层1"，按S键调出"缩放"属性。将时间指示器移动到0:00f，设置"缩放"为（0%,0%），然后单击左侧的秒表按钮■激活其关键帧，如图9-96所示；将时间指示器移动到15f，并设置"缩放"为（100%,100%），如图9-97所示。选中这两个关键帧，按F9键将其转换为缓动关键帧。

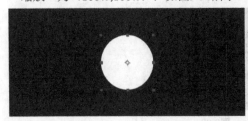

图9-95

图9-96

图9-97

08 选中"形状图层1"，按快捷键Ctrl+D创建一个副本，将"形状图层2"的图层持续时间条向后拖曳3f，并将"形状图层1"的轨道遮罩模式设置为"Alpha反转遮罩'形状图层2'"，如图9-98所示。这一步就完成了基础的图形遮罩动画，即环形扩散动画的制作。

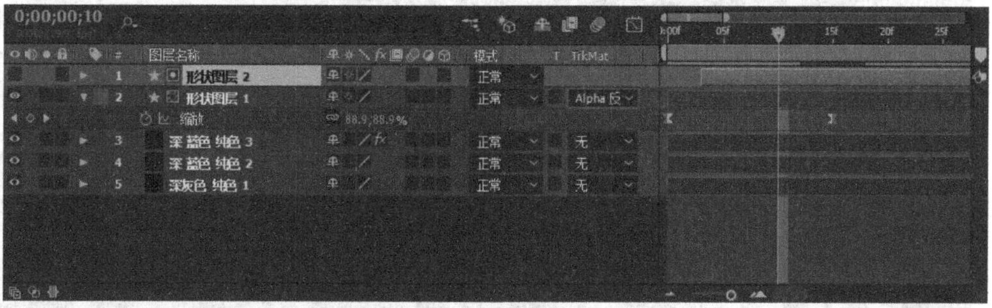

图9-98

09 选中"形状图层1"，设置"缩放"的第2个关键帧的属性值为（120%,120%），然后同时选中"形状图层1"和"形状图层2"，按快捷键Ctrl+D分别创建一个副本，如图9-99所示，完成第2个环形扩散动画的制作。

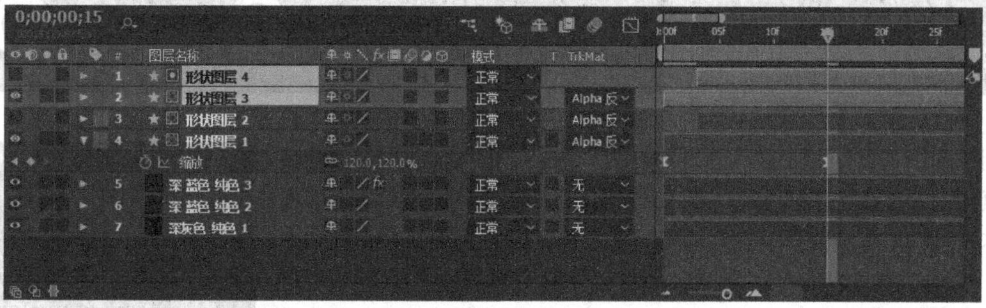

图9-99

10 选中"形状图层3"，设置"缩放"的第2个关键帧属性值为（130%,130%），如图9-100所示；选中"形状图层4"，设置"缩放"的第2个关键帧属性值为（127%,127%），如图9-101所示。

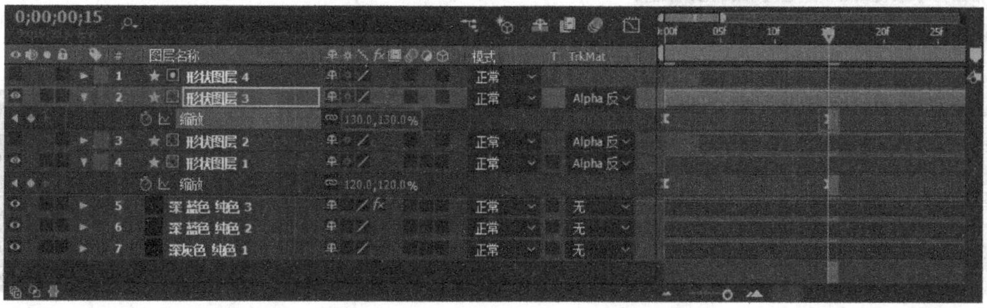

图9-100

图9-101

11 将"形状图层1"和"形状图层2"的图层持续时间条向后拖曳5f，如图9-102所示，让两个环形扩散动画出现的时间不同，扩散的动画效果如图9-103所示。

图9-102

图9-103

12 使用"椭圆工具" ◯ 在圆环的内部绘制一个略小于圆环的圆形，并且不使用填充，同时设置"描边宽度"为3像素。然后依次单击"对齐"面板中的"水平对齐"按钮 ▤ 和"垂直均匀分布"按钮 ▤，将形状移动到画面的中心，效果如图9-104所示。

图9-104

13 选中"形状图层5"，单击"虚线"右侧的 ➕ 按钮将描边转换为虚线，如图9-105所示。

14 按R键调出"旋转"属性，按住Alt键并单击左侧的秒表按钮 ◯，在表达式文本框中输入time*30，使其随时间顺时针旋转，效果如图9-106所示。

图9-105

图9-106

15 按快捷键Ctrl+D创建一个副本，并设置"缩放"为（80%,80%），"描边宽度"为60像素，然后单击"虚线"右侧的➕按钮，设置"虚线"为141，"间隙"为166（根据实际情况灵活调整属性值大小，使四段圆弧间隔大致相等），如图9-107所示。

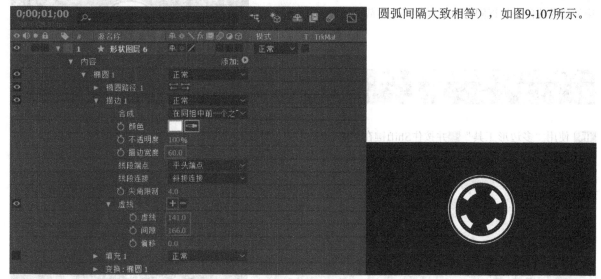

图9-107

16 按R键调出"旋转"属性，然后按住Alt键并单击左侧的秒表按钮◎，在表达式文本框中输入time*40，如图9-108所示，该动画静帧图如图9-109所示。

图9-108

图9-109

9.4.2 课堂练习：瞄准星动画

01 使用"钢笔工具"✎绘制一条从圆心出发延伸到最外围的线段，并使用"锚点工具"▣将锚点移动到圆心（也就是线段的起点），如图9-110所示。

图9-110

02 使用"椭圆工具" ◯ 并单击"工具创建蒙版"按钮 ▨ ，绘制一小块椭圆形蒙版，同时设置蒙版的叠加模式为"相减"，让创建的线段在靠近圆心的地方中断一小截，如图9-111所示。

图9-111

03 使用"多边形工具" ◯ 并按住Shift键在图9-112所示的位置绘制一个正三角形，并使用"纯色填充"，同时设置"描边宽度"为0像素，然后设置"形状图层7"作为该图层的父级。

图9-112

04 选中"形状图层7"和"形状图层8"，单击鼠标右键并选择"预合成"选项，将其合并到一个合成中。选中创建的合成，然后再创建3个副本，并分别设置其"旋转"属性值为0x + 90°、0x + 180°和0x + 270°，将这些形状组合成瞄准星，如图9-113所示。

图9-113

05 执行"图层>新建>空对象"菜单命令，新建一个空对象，并将空对象设置为4个合成的父级，如图9-114所示，使瞄准星跟随空对象运动。

图9-114

06 选中空对象，按R键调出"旋转"属性，按住Alt键并单击左侧的秒表按钮 ，并在表达式文本框中输入wiggle(1,150)，使瞄准星旋转，效果如图9-115所示。

图9-115

07 按S键调出空对象的"缩放"属性，将时间指示器移动到环形动画结束的时刻，单击左侧的秒表按钮 激活其关键帧，并设置"缩放"为（0%,0%），如图9-116所示；将时间指示器向后移动8f，并设置"缩放"为（100%,100%），如图9-117所示。也就是说，在环形动画结束后，瞄准星开始放大到圆环大小并进行旋转。

图9-116

图9-117

08 按快捷键Ctrl+Alt+Y创建一个调节图层，并执行"效果>风格化>发光"菜单命令，为图形添加发光效果，效果如图9-118所示。

09 单击"播放"按钮 ，观看制作好的HUD风格瞄准星动画。可以看到随着环形的扩散形成了完整的HUD图形，然后出现一直旋转的瞄准星，该动画的静帧图如图9-119所示。

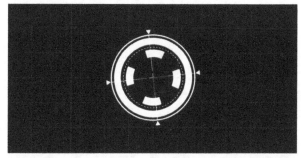

图9-118

图9-119

9.5 课后习题

为了巩固前面学习的知识，下面安排两个习题供读者课后练习。

9.5.1 课后习题：打钩动画

素材位置	素材文件>CH09>课后习题：打钩动画
实例位置	实例文件>CH09>课后习题：打钩动画
在线视频	课后习题：打钩动画.mp4
学习目标	熟练掌握轨迹线条动画的制作方法

本例制作的动画静帧图如图9-120所示。使用"修剪路径"效果制作红钩动画效果。

图9-120

9.5.2 课后习题：元素爆炸动画

素材位置	无
实例位置	实例文件>CH09>课后习题：元素爆炸动画.aep
在线视频	课后习题：元素爆炸动画.mp4
学习目标	熟练掌握掌握各个基础元素的综合应用

本例制作的动画静帧图如图9-121所示。为每个元素设置不同的"旋转""位置""不透明度"参数，使用"修剪路径"效果制作爆炸元素的拖尾直线。制作好一组小动画，然后通过创建副本的方式减少重复的工作量。

图9-121

第10章

MG动画综合案例

本章将通过4个精选的综合案例，全面讲解使用After Effects制作一个完整的MG动画商业项目的过程，其中包含了目前应用较为广泛的4种风格的动画制作过程。本章是一个综合性章节，需要读者将前面学习的知识穿插应用。

课堂学习目标

● 掌握液态风格的动画制作
● 掌握HUD风格的动画制作
● 掌握综艺风格的动画制作
● 掌握扁平风格的动画制作

10.1 液态Logo片头

素材位置	素材文件>CH10>液态Logo片头
实例位置	实例文件>CH10>液态Logo片头
在线视频	液态Logo片头.mp4
学习目标	掌握液态风格的动画制作和形状的结合方法

扫码观看视频

本例制作的动画静帧图如图10-1所示。

图10-1

10.1.1 液体迸发阶段

01 导入本书学习资源中的素材文件"素材文件>CH10>液态Logo片头>3D",选择文件中的所有图片,并勾选"PNG序列"选项,最后单击"导入"按钮 导入 完成素材导入,如图10-2所示。

图10-2

02 在"项目"面板中选中导入的图片序列,并将其重命名为"ball",如图10-3所示。

图10-3

03 创建一个合成,并将其命名为"液态Logo",然后将步骤01导入的素材添加到该合成中,接着单击"合成"面板中的"切换透明网格"按钮▣,使合成中的透明部分以网格的形式显示,如图10-4所示。

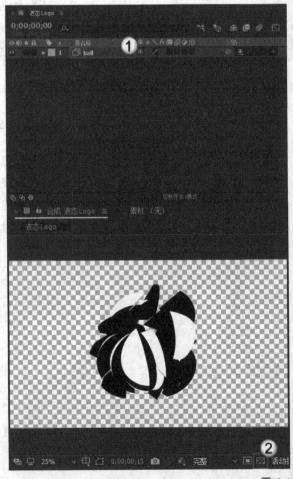

图10-4

04 选中"ball"图层，执行"效果>颜色校正>色调"菜单命令，为图层中的形状添加颜色，设置"将黑色映射到"为红色（R:183，G:17，B:0），"将白色映射到"为橙色（R:255，G:126，B:0），如图10-5所示。

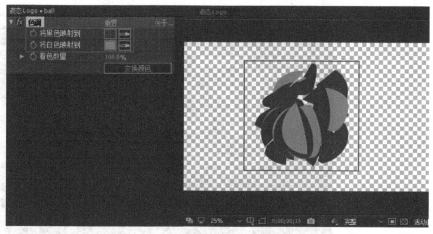

图10-5

1.制作第1个液体

01 为了方便后续的工作，单击"ball"图层左侧的"显示/隐藏"图标，使"ball"图层暂时不显示，如图10-6所示。

图10-6

02 按快捷键Ctrl+Y新建一个纯色图层，并设置"颜色"为红色（R:171, G:0, B:0），然后使用"钢笔工具" ◢ 绘制一个水滴状蒙版路径，单击"蒙版路径"左侧的秒表按钮 ◎ 激活其关键帧，如图10-7所示。

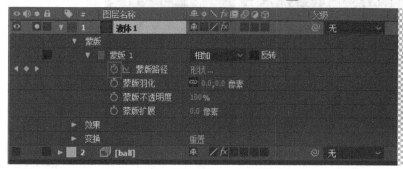

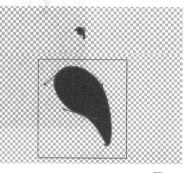

图10-7

> **提示** 时间指示器的位置不重要，后续还会进行调节，大概位于0~10f范围内即可。

03 将时间指示器向后移动1f，双击蒙版路径上的任意一点，调节蒙版路径的形状，使液体放大一些且略有旋转，如图10-8所示。

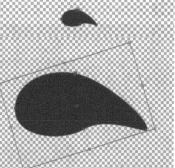

图10-8

04 重复步骤02的操作3~5次，使液体在一段时间内有4~6个从小变大的连续形状，如图10-9所示。

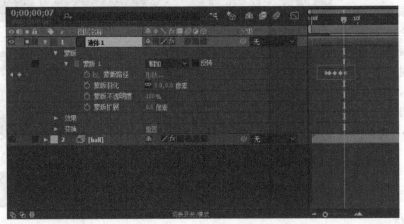

图10-9

05 修剪图层持续时间条，使持续时间条的出、入点刚好涵盖住所有的关键帧。将时间指示器移动到第1个关键帧，按快捷键Alt+[删除关键帧左侧的持续时间条；将时间指示器移动到最后一个关键帧，按快捷键Alt+]删除关键帧右侧的持续时间条，如图10-10所示。

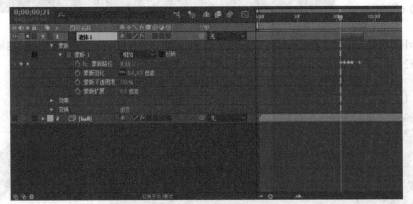

图10-10

2.制作第2个液体

01 按快捷键Ctrl+D创建一个副本，然后按快捷键Ctrl+Shift+Y填充颜色，并设置"颜色"为蓝色（R:54，G:202，B:251），最后重命名为"液体2"，如图10-11所示。

02 选中"液体2"图层，按U键展开所有激活的关键帧属性，将时间指示器移动到倒数第2个关键帧，调节蒙版路径上的关键点，使液体变得较为扁长，效果如图10-12所示。

03 将时间指示器移动到最后一个关键帧，同样调节蒙版路径上的关键点，使液体变得细长，效果如图10-13所示。

图10-11

图10-12

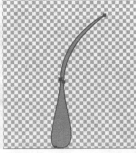

图10-13

3.制作第3个液体

01 按快捷键Ctrl+D创建一个副本，然后按快捷键Ctrl+Shift+Y填充颜色，并设置"颜色"为橙色（R:255，G:120，B:0），最后重命名为"液体3"，如图10-14所示。

图10-14

02 将时间指示器移动到第4个关键帧，调节蒙版路径上的关键点，使液体形状变得较为肥大，效果如图10-15所示。

03 将时间指示器移动到第5个关键帧，同样调节蒙版路径上的关键点，使液体形状变得更大，并使其占据画面的左半部分，如图10-16所示。

图10-15

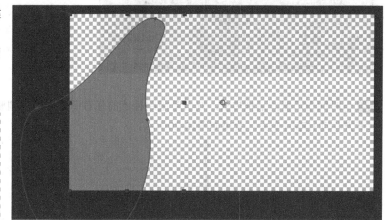

图10-16

04 将时间指示器向后移动1f，然后调节蒙版路径上的关键点，使水滴几乎充满画面的左半部分。接着调节图层持续时间条，使图层持续时间条的出、入点刚好涵盖住所有的关键帧，如图10-17所示。

图10-17

05 拖曳3个液体图层的持续时间条，使3个液体先后出现，如图10-18所示。

图10-18

4.制作第4个液体

01 新建一个纯色图层，并设置"颜色"为红色（R:171，G:0，B:0），然后使用"钢笔工具" [✎]绘制一个飞溅状的蒙版路径，并单击"蒙版路径"左侧的秒表按钮 [○]激活其关键帧，最后将图层重命名为"液体4"，如图10-19所示。

图10-19

02 将时间指示器向后拖曳8f，双击蒙版路径上的任意一点，然后调整蒙版路径的形状，使飞溅状的液体向右下方移动且略有变大，效果如图10-20所示。

图10-20

03 修剪图层持续时间条，制作出液体消散的动画效果。将时间指示器移动到"液体4"的出点前3f处，然后单击"蒙版扩展"左侧的秒表按钮 [○]激活其关键帧；将时间指示器移动到"液体4"的出点处，并设置"蒙版扩展"为 -15像素，如图10-21所示。

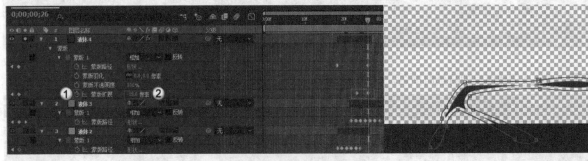

图10-21

04 液体迸发阶段的动画效果如图10-22所示。

图10-22

10.1.2 液体汇聚阶段

液体汇聚阶段要分成两个状态，分别是液体汇聚时和碰撞后发生迸溅，这两种状态下的动画效果有明显的不同，绘制形状时要进行区分。

1.液体汇聚时

01 新建一个纯色图层，并设置"颜色"为橙色（R:255，G:120，B:0）。使用"钢笔工具" ![钢笔] 绘制一个飞溅状的蒙版路径，并单击"蒙版路径"左侧的秒表按钮 ◎ 激活其关键帧，如图10-23所示。

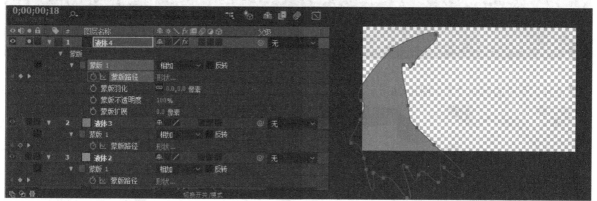

图10-23

02 将时间指示器向后拖曳2~3f，然后调整蒙版路径的形状。重复该操作若干次，使液体呈现出快速汇聚时的状态，效果如图10-24所示。

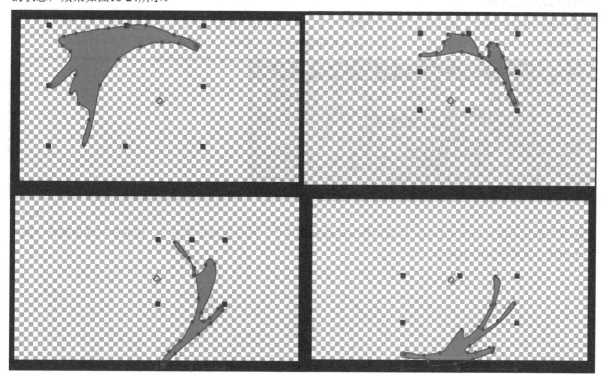

图10-24

03 修剪图层持续时间条，制作出液体消散的效果。将时间指示器移动到出点前8f处，然后单击"蒙版扩展"左侧的秒表按钮 ◎ 激活其关键帧；将时间指示器移动到出点处，并设置"蒙版扩展"为 - 10像素，如图10-25所示。

图10-25

04 液体汇聚时的动画效果如图10-26所示。

图10-26

2.碰撞后发生迸溅

01 新建一个纯色图层，并设置"颜色"为橙色（R:255，G:120，B:0）。使用"钢笔工具" ▒ 绘制一个飞溅状的蒙版路径，并单击"蒙版路径"左侧的秒表按钮 ▒ 激活其关键帧，如图10-27所示。

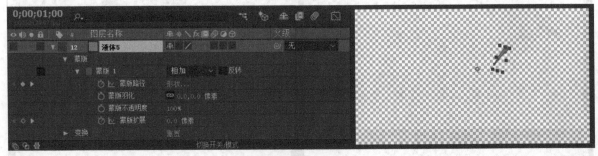

图10-27

02 将时间指示器向后拖曳2~3f，然后调整蒙版路径的形状。重复该操作若干次，使液体呈现出快速飞溅时的水滴状，效果如图10-28所示。

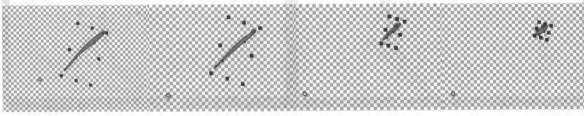

图10-28

03 液体碰撞后发生迸溅的动画效果如图10-29所示。

图10-29

10.1.3 Logo出现阶段

先制作Logo的出现动画，再整体调整Logo出现的时间。另外，我们要在确定了液体从迸发到汇聚的时间顺序后，再丰富画面动态。

1.Logo出现动画

01 导入本书学习资源中的图片素材"素材文件>CH10>液态Logo片头>logo1.png"，并将其添加到合成中，同时激活"logo1.png"图层的3D属性，如图10-30所示。

图10-30

02 选中"logo1.png"图层，然后按S键调出"缩放"属性，接着分别在图层出现时，出现后12f和出现后36f处分别设置"缩放"的属性值为（7%，7%，7%）、（137%，137%，137%）和（40%，40%，40%），如图10-31至图10-33所示。

图10-31

图10-32

图10-33

03 将时间指示器移动到"logo1.png"的入点处，按R键调出"方向"和3个"旋转"属性，然后单击"Y轴旋转"左侧的秒表按钮 激活其关键帧，并设置该属性值为0x + 330°，如图10-34所示。

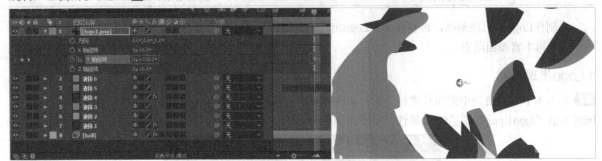

图10-34

04 将时间指示器向后移动25f，并设置"Y轴旋转"为0x - 36.9°，如图10-35所示；将时间指示器向后移动6f，并设置"Y轴旋转"为0x + 22.9°，如图10-36所示；将时间指示器向后移动6f，并设置"Y轴旋转"为0x - 11°，如图10-37所示。

图10-35

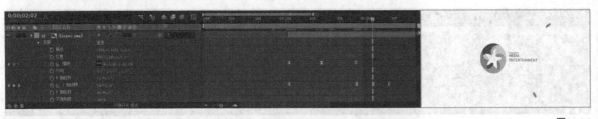

图10-36

图10-37

05 选中"logo1.png"图层,按U键展开激活了关键帧的属性,然后选择所有的关键帧,按F9键将其转换为缓动关键帧,如图10-38所示。

图10-38

2.确定Logo出现的时机

01 将"logo1.png"图层放置在"液体5"和"液体6"图层的底层,然后对之前制作的6种液体元素创建副本,并修改这些图层的颜色、位置、角度及出现的时间等,以此丰富画面动态。最后调整各个图层的出现时间,如图10-39所示。这样可以使Logo在液体即将汇聚之时出现,然后发生翻转并进行缩放,效果如图10-40所示。

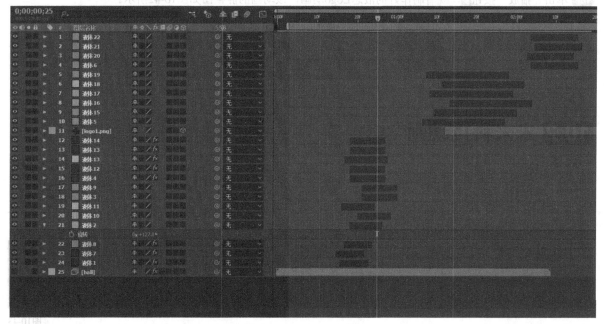

图10-39

图10-40

> **提示** 为了让画面更加统一,建议在修改副本的颜色时使用之前出现过的颜色;在修改副本的角度和大小时根据原本的角度进行微调;在修改副本的出现时间时与原本成组,按照已有的分段来设置时间。

02 为合成添加背景。新建一个纯色图层，设置"颜色"为淡黄色（R:255，G:244，B:229），并将其命名为"BG"，将其放置在底层，如图10-41所示。

图10-41

03 单击"播放"按钮▶，观看制作好的液态Logo动画，该动画的静帧图如图10-42所示。

图10-42

10.2 未来科技动画

素材位置	素材文件>CH10>未来科技动画
实例位置	实例文件>CH10>未来科技动画
在线视频	未来科技动画.mp4
学习目标	掌握HUD风格的动画制作、视频与形状的结合方法

本例制作的动画静帧图如图10-43所示。

图10-43

10.2.1 引导视线

通过瞄准星引导观者的视线，使观者关注的重点始终围绕瞄准星运动。这就需要叠加多个背景，体现出画面的层次，突出瞄准星的作用。

1.瞄准星动态

01 创建一个新合成，并将其命名为"未来科技HUD"。使用"矩形工具"■绘制一个矩形，并设置"描边颜色"为青色（R:27，G:182，B:210），"描边宽度"为2像素，同时不使用任何填充。最后按快捷键Ctrl+Alt+Home将锚点移动到矩形的中心，并单击"对齐"面板中的"水平对齐"按钮■与"垂直均匀分布"按钮■将图形移动到画面的中心，效果如图10-44所示。

02 选中"形状图层1",取消"矩形路径1"中"大小"属性的比例约束,并设置该属性值为(2,30),然后单击"内容"右侧的"添加"菜单按钮▶并选择"中继器"选项,如图10-45所示。

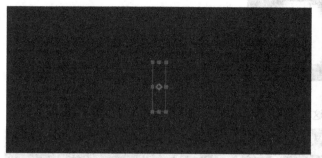

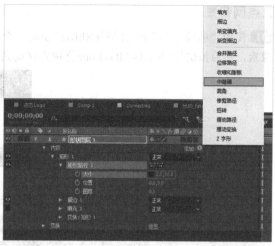

图10-44   图10-45

03 添加了"中继器"效果后,设置"副本"为2,"位置"为(0,0),"旋转"为0x + 90°,制作出十字准星形状,如图10-46所示。

图10-46

04 将时间指示器移动到20f,单击"变换:矩形1"中的"比例"和"不透明度"左侧的秒表按钮◎激活其关键帧,然后将时间指示器移动到0:00f,分别设置"比例"和"不透明度"为(2000%,2000%)和0%。选中所有关键帧后按F9键将其转换为缓动关键帧,如图10-47所示。

图10-47

05 瞄准星的动态效果如图10-48所示。

图10-48

2.点网背景

01 使用"椭圆工具"■并按住Shift键绘制一个圆形，同时设置"填充颜色"为白色，"描边宽度"为0像素，然后按快捷键Ctrl+Alt+Home将锚点移动到圆形的中心，效果如图10-49所示。

图10-49

02 设置"椭圆路径1"中的"大小"为（2,2），这时形状发生了变化，如图10-50所示。

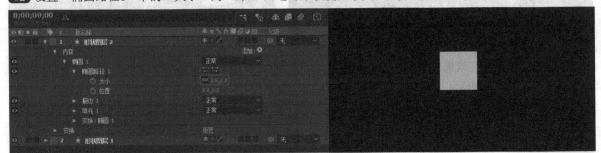

图10-50

03 选中"形状图层2"，单击"内容"右侧的"添加"菜单按钮■，为"椭圆1"添加"中继器"效果，并添加两次。调整"中继器1"的属性参数，设置"副本"为50，"位置"为（50,0）；调整"中继器2"的属性参数，设置"副本"为50，"位置"为（0,50），如图10-51所示。

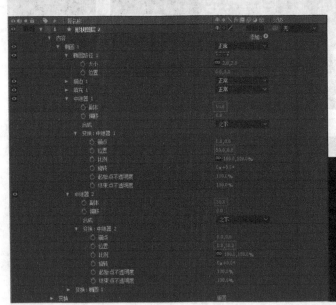

图10-51

04 选中"形状图层2"，设置"变换：椭圆1"中的"位置"为（0,0），然后按P键调出"位置"属性，使点网的位置与准星位置相匹配，设置其属性值为（10, - 11），并让点网铺满画面，如图10-52和图10-53所示。

图10-52　　　　　　　　　　　　　　　　　　图10-53

05 按T键调出"不透明度"属性，并设置该属性值为40%，使点网的颜色暗下去，如图10-54所示。

图10-54

3.准星背景

01 新建一个形状图层，然后复制"形状图层1"中的"矩形1"，将其粘贴在新建的"形状图层3"中，如图10-55所示。

图10-55

02 选中"形状图层3"，按U键调出激活了关键帧的属性。将时间指示器移动到后面一个关键帧，单击"比例"和"不透明度"左侧的秒表按钮 取消激活关键帧，如图10-56所示。

图10-56

03 将"形状图层3"的"描边颜色"修改为白色，然后添加两次中继器。调整"中继器1"的属性参数，设置"副本"为5，"偏移"为-2，"位置"为（400,0）；调整"中继器2"的属性参数，设置"副本"为5，"偏移"为-1，"位置"为（0,400），如图10-57所示。

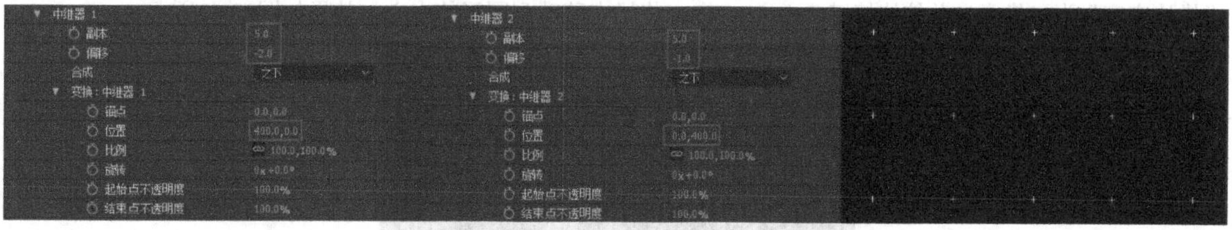

图10-57

04 将时间指示器移动到20f，然后按T键调出"不透明度"属性，并设置该属性值为50%，激活其关键帧，如图10-58所示；将时间指示器移动到10f，并设置该属性值为0%，如图10-59所示。

图10-58

图10-59

05 将"形状图层3"放置在"形状图层1"的底层，效果如图10-60所示。

06 单击"播放"按钮▶，观看制作好的瞄准星动画，该动画的静帧图如图10-61所示。

图10-60

图10-61

10.2.2 信息读取

01 使用"椭圆工具"◯并按住Shift键绘制一个圆形，并设置"描边颜色"为蓝色（R:27，G:182，B:210），"描边宽度"为10像素，并按快捷键Ctrl+Alt+Home将锚点移动到圆形的中心，效果如图10-62所示。

图10-62

02 选中"形状图层4"下的"椭圆1",单击"内容"右侧的"添加"菜单按钮▶为"椭圆1"添加"修剪路径"效果。将时间指示器移动到26f,单击"开始"左侧的秒表按钮◎激活"开始"属性的关键帧,如图10-63所示;将时间指示器移动到20f,设置"开始"为100%。最后选中两个关键帧,按F9键将其转换为缓动关键帧,如图10-64所示。

图10-63

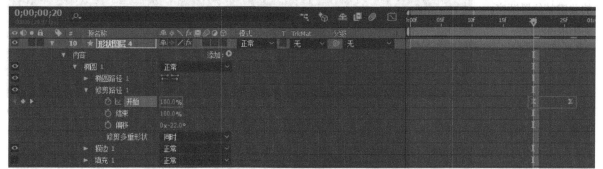

图10-64

03 选中"椭圆1",按快捷键Ctrl+D创建一个副本。调整"椭圆2"的"大小"属性参数,使其比"椭圆1"略微大一圈,并设置"描边宽度"为5像素,如图10-65所示。

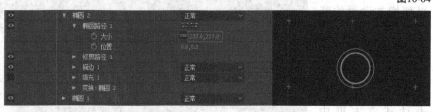

图10-65

04 选中"椭圆2",按快捷键Ctrl+D创建一个副本。调整"椭圆3"的"大小"属性参数,使其比"椭圆1"略微小一圈,并设置"描边宽度"为3像素,如图10-66所示。

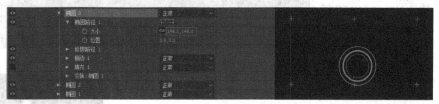

图10-66

05 选中"椭圆2",按快捷键Ctrl+D创建一个副本,并设置"椭圆4"的"描边宽度"为15像素,然后设置"开始"的第2个关键帧的属性值为80%,如图10-67所示。

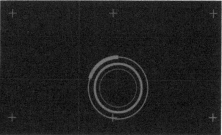

图10-67

269

06 选中"椭圆3"，按快捷键Ctrl+D创建一个副本，并设置"椭圆5"的"描边宽度"为11像素，然后设置"开始"的第2个关键帧的属性值为85%，如图10-68所示。

图10-68

07 选中"形状图层4"图层，按U键展开所有激活了关键帧属性，然后打乱5个元素的关键帧位置顺序，如图10-69所示。

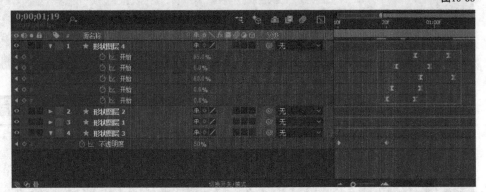

图10-69

08 在"时间轴"面板的搜索栏中输入"偏移"，显示所有椭圆的"偏移"属性，然后分别为"椭圆1""椭圆2""椭圆3"设置不同的偏移值，以便增加动画的随机性。为"椭圆4"和"椭圆5"的"偏移"属性激活表达式，并分别在表达式文本框中输入time* - 150和wiggle(2,200)，使元素一直保持运动，如图10-70所示。

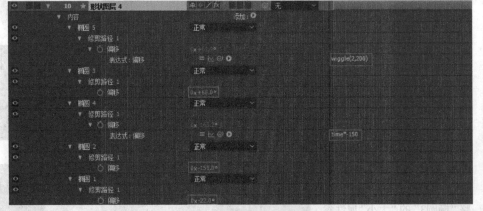

图10-70

09 在"时间轴"面板的搜索栏中输入"不透明度"，显示所有椭圆的"不透明度"属性，分别设置"椭圆2"和"椭圆3"的"不透明度"为20%和50%，如图10-71所示。

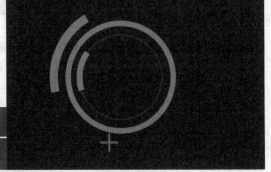

图10-71

10 使用"多边形工具" ▣并按住Shift键绘制一个正三角形,设置"填充颜色"为蓝色(R:27,G:182,B:210),"描边宽度"为0像素,效果如图10-72所示。

11 选中"形状图层5",将时间指示器移动到28f,按快捷键Alt+[修剪图层持续时间条。按T键调出"不透明度"属性,然后按住Alt键并单击左侧的秒表按钮 ▣,在表达式文本框中输入random(20,80),如图10-73所示。

12 使用"钢笔工具" ▣绘制一条折线,不使用填充,同时设置"描边宽度"为1.5像素,效果如图10-74所示。

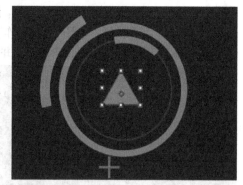

图10-72

图10-73

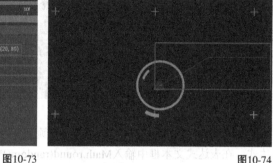

图10-74

13 选中"形状图层6",单击"内容"右侧的"添加"菜单按钮 ▣为其添加"修剪路径"效果。将时间指示器移动到27f,设置"开始"为32%,"结束"为100%,并单击两个属性左侧的秒表按钮 ▣激活其关键帧,如图10-75所示。

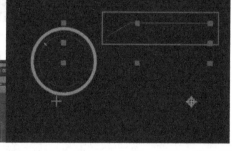

图10-75

14 将时间指示器移动到1:08f,单击两个属性的"在当前时间添加或移除关键帧"按钮 ▣添加关键帧。将时间指示器移动回27f,并将"结束"属性值修改到与"开始"属性值相同,最后选中所有关键帧,按F9键将其转换为缓动关键帧,如图10-76所示。

15 使用"横排文字工具" ▣在折线的上方创建点文字,这里可以输入任意文字,效果如图10-77所示。

图10-76

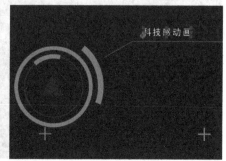

图10-77

16 设置文字颜色为白色，大小为22像素。选中文字图层，单击"文本"右侧的"动画"菜单按钮██为其添加"不透明度"动画效果。调整"动画制作工具1"的属性参数，设置"随机排序"为"开"，"不透明度"为0%，然后激活"起始"属性的表达式，并在表达式文本框中输入7+time*50，如图10-78所示。

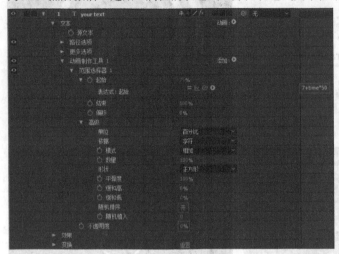

17 选中"形状图层1""形状图层4""形状图层5""形状图层6"和文字图层，然后执行"效果>风格化>发光"菜单命令，为其添加发光效果，并保持默认参数设置，如图10-79所示。

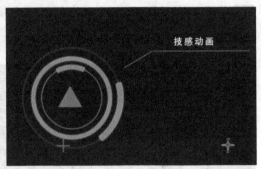

图10-78

图10-79

18 再次新建一个文字图层，设置"填充颜色"为灰色（R:128，G:128，B:128），然后激活"源文本"的表达式，在表达式文本框中输入Math.round(random()*500000)/100，使动画随机显示数字，最后将图层持续时间条的出点移动到1:10f，如图10-80所示。

图10-80

19 选中"形状图层4""形状图层5""形状图层6"和两个文字图层，按快捷键Ctrl+D创建这些图层的副本，并将这些副本移动到画面的右下角，略微调整元素的位置和关键帧属性的参数，如修改形状图层的"旋转"属性值等，使两组元素的细节有所不同，如图10-81所示。

20 选中"your text 2"文本图层，调整"动画制作工具1"中的属性参数，激活"起始"属性的表达式，在表达式文本框中输入-140+time*100，使文字出现的时间与其他元素出现的时间大致相符，如图10-82所示。

图10-81

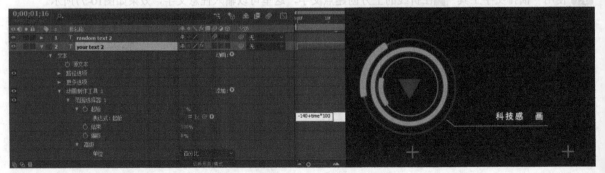

图10-82

21 单击"播放"按钮▶，观看制作好的读取动画，该动画的静帧图如图10-83所示。

图10-83

10.2.3 视频合成

01 导入本书学习资源中的视频素材"素材文件>CH10>未来科技动画>背景视频.mp4"，将其拖曳到合成中，并放置在底层作为背景，效果如图10-84所示。

02 选中"背景视频.mp4"图层，按T键调出"不透明度"属性，并设置该属性值为60%。执行"效果>模糊和锐化>高斯模糊"菜单命令，并设置"模糊度"为30，勾选"重复边缘像素"选项，如图10-85所示。

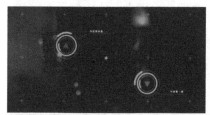

图10-84

图10-85

03 对各个图层的出现时间和关键帧的时间做最后调整，如图10-86所示。

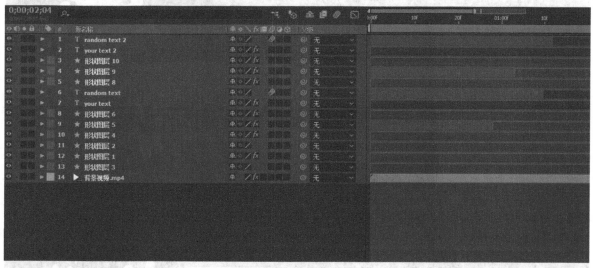

图10-86

04 单击"播放"按钮▶，观看制作好的未来科技感HUD动画，该动画的静帧图如图10-87所示。

图10-87

10.3 综艺节目动画

素材位置　素材文件>CH10>综艺节目动画
实例位置　实例文件>CH10>综艺节目动画
在线视频　综艺节目动画.mp4
学习目标　掌握综艺风格的动画制作和图形转场的方法

本例制作的动画静帧图如图10-88所示。

图10-88

10.3.1 流体飞散效果

01 新建一个合成，并将其命名为"栏目包装"。按快捷键Ctrl+Y
新建一个纯色图层，并设置颜色为黄色（R:252，G:227，B:9），效
果如图10-89所示。

02 执行"效果>模拟>CC Mr.Mercury"菜单命令，为纯色图层添加
液体效果。在"效果控件"面板中，先设置"Birth Rate"为4.5，可
以看到画面中有液体效果生成，如图10-90所示。

图10-89

图10-90

03 "Producer"属性是指液体生成器所在的位置，将时间指示器移动到0:00f，并设置"Producer"为（-160，-40），
然后激活该属性值的关键
帧，如图10-91所示。

图10-91

04 一边移动时间指示器，一边在"合成"面板中移动液体生成器，使液体沿着生成器移动的路径生成，绘
制的路径如图10-92所示。

图10-92

 提示 图中的路径仅为示范，按以上步骤制作时不会出现图中的示范路径。

05 为防止液体在运动的过程中过于飞散，因此设置"Resistance"为100，增大液体在运动过程中的阻力，使液体不过分飞散，如图10-93所示。

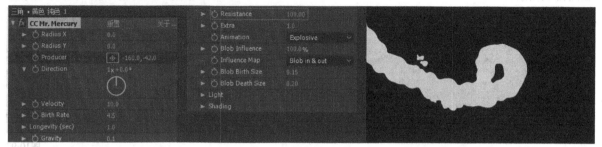

图10-93

06 为了减少液体的下落，设置"Gravity"为0.1，"Blob Death Size"为0.5，使液珠在更小的时候就消失了。将"Radius X"和"Radius Y"减少到0，缩小液体产生的范围，将"Longevity(sec)"减少到1，缩短液体的持续时间，如图10-94所示。

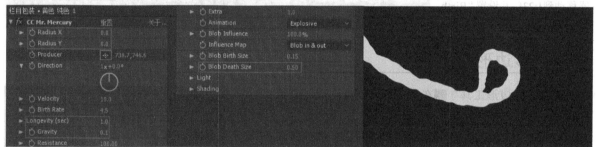

图10-94

07 将时间指示器移动到1:15f，激活"Birth Rate"属性的关键帧，然后按U键调出激活了关键帧的属性，再将时间指示器移动到1:24f，并设置"Birth Rate"为0，使液体路径的终点停止在画面的中心，如图10-95所示。

图10-95

08 根据最后呈现的效果，设置"Blob Death Size"为0.2，调整"Resistance"为50，让液体流动的状态更明显一点，如图10-96所示。

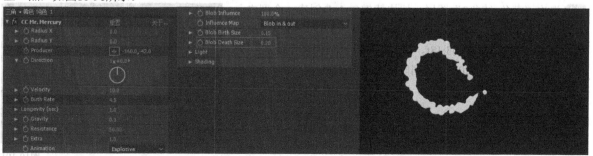

图10-96

09 新建一个纯色图层"黄色 纯色2"，同样为其添加"CC Mr.Mercury"效果，并设置"Birth Rate"为10，如图10-97所示。

图10-97

10 将时间指示器移动到2:04f，然后激活"Birth Rate"的属性关键帧，将时间指示器移动到1:23f，并设置"Birth Rate"为0，如图10-98所示。

图10-98

10.3.2 多边形出现效果

01 使用"多边形工具" ■在"黄色 纯色2"图层中绘制一个图10-99所示的三角形蒙版。

02 执行"效果>风格化>毛边"菜单命令，为三角形蒙版添加毛边效果，并设置"边界"为20，如图10-100所示。

图10-99

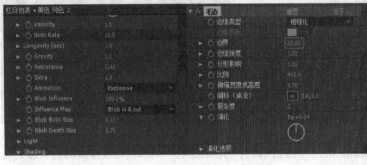

图10-100

03 选中"黄色 纯色2"图层，按快捷键Ctrl+D创建一个副本，并删除副本的"CC Mr.Mercury"和"毛边"效果，如图10-101所示。将时间指示器移动到3:18f，按S键调出"缩放"属性，并设置该属性值为（120%,120%），同时激活其关键帧，如图10-102所示；将时间指示器移动到2:20f，并设置"缩放"为（0%,0%），如图10-103所示。

图10-101

图10-102

图10-103

04 选中两个关键帧，按F9键将其转换为缓动关键帧。然后进入"图表编辑器"中的值图表面板，将"缩放"属性的值曲线调整为图10-104所示的状态。

图10-104

05 退出"图表编辑器"，然后将时间指示器移动到3:18f，选中"黄色 纯色1"图层和"黄色 纯色2"图层，按快捷键Alt+]调整图层的出点，如图10-105所示。

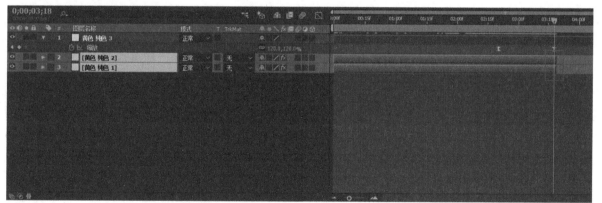

图10-105

06 选中3个纯色图层，单击鼠标右键并选择"预合成"选项，将其合并到一个预合成中，并将生成的预合成命名为"三角"。执行"效果>生成>填充"菜单命令，为三角形填充颜色，并设置"颜色"为黄色（R:255，G:245，B:9）；执行"效果>透视>投影"菜单命令，为三角形生成一个投影，并设置"不透明度"为80%，"距离"为30，如图10-106所示。

图10-106

07 新建一个纯色图层，并设置颜色为青蓝色（R:129，G:208，B:216），然后将其放置在合成的底层作为背景，效果如图10-107所示。

08 使用"星形工具"绘制图10-108所示的多边形，并设置"填充颜色"为（R:86，G:199，B:213），"描边宽度"为0像素。

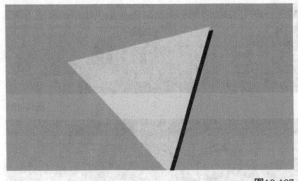

图10-107 图10-108

09 选中"三角"合成，按S键调出"缩放"属性。将时间指示器移动到3:14f，单击左侧的秒表按钮 激活其关键帧，如图10-109所示；将时间指示器移动到3:23f，并设置该属性值为（78%,78%），如图10-110所示。

图10-109

图10-110

10 选中"形状图层1"图层，按S键调出"缩放"属性。将时间指示器移动到3:14f，单击左侧的秒表按钮 激活其关键帧，如图10-111所示；将时间指示器移动到3:00f，并设置该属性值为（0%,0%），如图10-112所示。按R键调出"旋转"属性，然后按住Alt键并单击"旋转"的左侧秒表按钮 ，在表达式文本框中输入time*20，使多边形随着时间变化进行旋转。

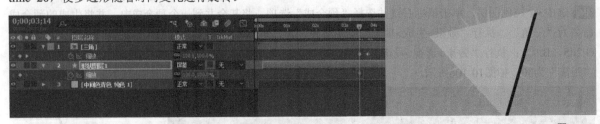

图10-111

图10-112

10.3.3 文字动画效果

01 使用"横排文字工具" █ 创建点文字，待切换至文字编辑模式后输入"栏目包装"，在"字符"面板中设置字体大小为121像素，"描边宽度"为16像素，分别设置"填充颜色"和"描边颜色"为粉红色（R:241，G:113，B:170）和暗紫色（R:39，G:20，B:42）。最后按R键调出"旋转"属性，并设置该属性值为0x‑8°，如图10-113所示。

图10-113

02 单击文本图层右侧的"动画"菜单按钮 █ 并选择"旋转"选项，为其添加动画编辑器，如图10-114所示。

03 单击"动画制作工具1"右侧的"添加"菜单按钮 █，并选择"属性>缩放"选项，为动画编辑器添加"缩放"属性，如图10-115所示。

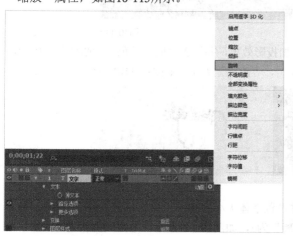

图10-114

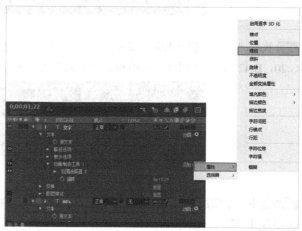

图10-115

04 单击"动画制作工具1"右侧的"添加"菜单按钮 █，并选择"选择器>表达式"选项，为其添加表达式控制，如图10-116所示。

图10-116

05 在添加了带有"数量""缩放""旋转"的控制器后，设置文本图层的"缩放"为（0%,0%），"旋转"为0x - 70°，然后激活"数量"的表达式，在表达式文本框中输入以下内容，如图10-117所示。

```
t = (time - inPoint) - 0.08*textIndex;
if (t >= 0){
    freq =2;
    amplitude = 100;
    decay = 8.0;
    s = amplitude*Math.cos(freq*t*2*Math.PI)/Math.exp(decay*t);
    [s,s]
}else{
    value
}
```

图10-117

06 执行"效果>透视>投影"菜单命令，为文字图层添加投影效果，并设置"阴影颜色"为暗紫色（R:39，G:20，B:42），不透明度"为100%，"方向"为0x + 216°，"距离"为16，如图10-118所示。

图10-118

07 选中文字图层，按快捷键Ctrl+D创建一个副本，并设置字体大小为80，"填充颜色"为橙色（R:205，G:138，B:72），然后展开"文字2"的属性，设置"距离"为3，如图10-119所示，最后调整新建立的文字图层的持续时间，调整出点位置和入点位置，如图10-120所示。

08 使用"矩形工具"绘制一个矩形，并设置"旋转"为0x - 9°，"填充颜色"为暗紫色（R:39，G:20，B:42），"描边宽度"为0像素，如图10-121所示。

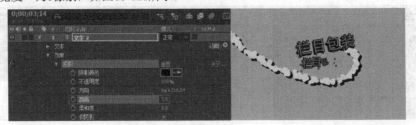

图10-119

图10-120

图10-121

09 执行"效果>过度>线性擦除"菜单命令，将时间指示器移动到3:00f，设置"擦除角度"为0x-100°，"过渡完成"为37%，并激活"过渡完成"属性的关键帧，如图10-122所示；将时间指示器移动到2:22f，设置"过渡完成"为100%，如图10-123所示。

图10-122

图10-123

10 按快捷键Ctrl+Shift+Alt+Y创建一个空对象图层，将除背景图层外的其他所有图层都设置为空对象的子级，如图10-124所示。

11 选中空对象图层，按P键调出"位置"属性，然后激活它的表达式，在表达式文本框中输入wiggle(2,20)，如图10-125所示。

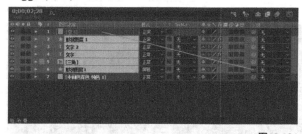

图10-124

图10-125

12 导入本书学习资源中的图片素材"素材文件>CH10>综艺节目动画>花纹.png、音符1.png、音符2.png、音符3.png、噪点.png"，将"噪点.png"添加到合成中并将其放置在上层，效果如图10-126所示。

13 将"音符1.png""音符2.png""音符3.png"拖曳到合成中，如图10-127所示，并为其制作简单的缩放动画，如"音符1"的缩放动画关键帧如图10-128所示。

图10-126

图10-127

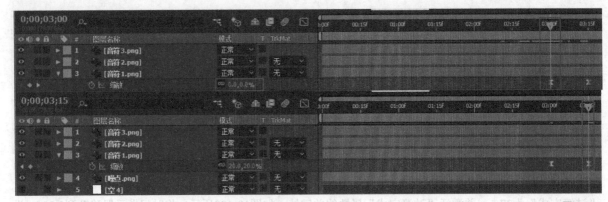

图10-128

14 将"花纹.png"图层添加到合成中，并将其放置在"三角"合成的下一层。选中"三角"合成，然后创建一个副本，并将其放置在"花纹.png"图层的下一层，然后设置"花纹.png"图层的轨道遮罩模式为"Alpha"遮罩，如图10-129所示。

图10-129

15 创建一个空对象图层，将3个音符图层都设置为空对象图层的子级，然后选中新建立的空对象图层，按P键调出"位置"属性，并激活它的表达式，在表达式文本框中输入wiggle(2,30)，如图10-130所示。

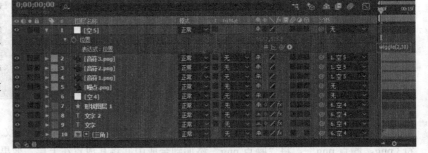

图10-130

16 对各个图层的出现时间和关键帧的时间进行最后的调整，如图10-131所示。

图10-131

17 单击"播放"按钮▶，观看制作好的栏目包装动画，该动画的静帧图如图10-132所示。

图10-132

10.4 扁平MG动画

素材位置	素材文件>CH10>扁平MG动画
实例位置	实例文件>CH10>扁平MG动画
在线视频	扁平MG动画.mp4
学习目标	掌握扁平风格的动画制作和元素转场的方法

扫码观看视频

本例制作的动画静帧图如图10-133所示。

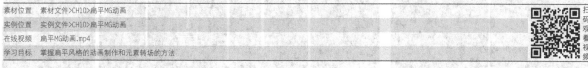

图10-133

10.4.1 进入转场

01 新建一个合成，并将其命名为"扁平MG动画"。导入本书学习资源中的图片素材"素材文件>CH10>扁平化MG动画>飞机.png、云1.png、云2.png、云3.png、云4.png、云5.png"，并将其拖曳到合成中作为图片图层，如图10-134所示。

图10-134

02 选中"飞机.png"图层，并勾选"独奏"选项，使画面只显示该图层，然后按S键调出"缩放"属性，并设置该属性值为（30%,30%），如图10-135所示。

图10-135

03 使用"锚点工具" 将"飞机.png"图层的锚点拖曳到支杆的底部，如图10-136所示。

04 调整好锚点的位置，将"飞机.png"图层的"缩放"属性值还原到（100%,100%），然后解除"独奏"，并对5个云图层进行相同的操作，将所有图层的锚点拖曳到支杆的底部，效果如图10-137所示。

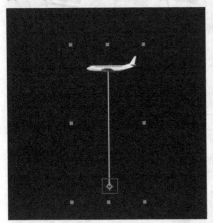
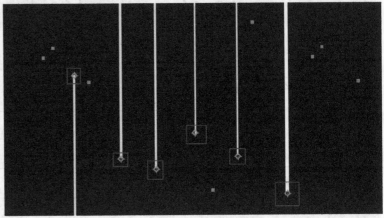

图10-136   图10-137

05 激活各个图层的"3D图层"属性，如图10-138所示。

06 选中"飞机.png"图层，按P键调出"位置"属性，并设置该属性值为（1500,2300,0），效果如图10-139所示。

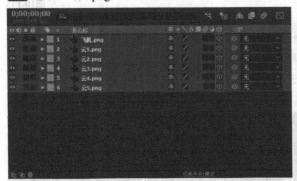
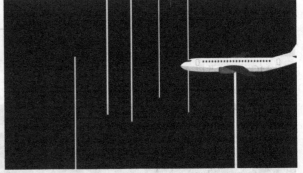

图10-138   图10-139

07 按照步骤06中的操作方法设置"云1.png"至"云5.png"的"位置"属性，分别设置"位置"属性值为（570,-500,0），（1580,1950,-1000），（400,1400,-700），（1000,1400,650），（1200,-800,650），如图10-140所示。

图10-140

08 将时间指示器移动到0:00f，然后选中所有图层，在"时间轴"面板的搜索栏中输入Z，展示所有图层的"Z轴旋转"属性，并设置该属性值为15°或-15°（支杆在顶部的图层为逆时针旋转15°，支杆在底部的图层为顺时针旋转15°），使所有的图层都向右偏，呈现进场的趋势，如图10-141所示。

图10-141

09 激活所有图层的"Z轴旋转"关键帧，然后将时间指示器移动到1:20f，并设置所有图层的"Z轴旋转"属性值为0x+0°，最后选中所有关键帧，按F9键将其转换为缓动关键帧，如图10-142所示。

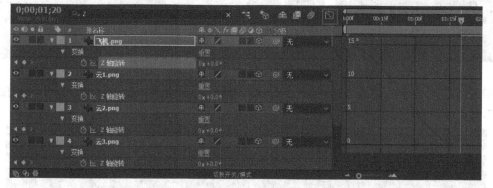

图10-142

10 选中"飞机.png"图层的"Z轴旋转"属性，然后进入"图表编辑器"，这时显示的是"Z轴旋转"属性的值曲线，如图10-143所示。

图10-143

11 调节曲线两端的手柄，使曲线的左侧呈快速下降的趋势，使曲线的右侧先缓慢下降，中途低于结束稳定值，最后返回稳定值，如图10-144所示。按照同样的方式，对其余5个图层的"Z轴旋转"值曲线进行相似的调整。

12 使用"横排文字工具" 在画面的左下方创建点文字，待切换至文字编辑模式后输入"扁平MG动画"，然后激活文字图层的"3D图层"属性，如图10-145所示。

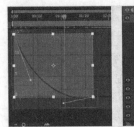

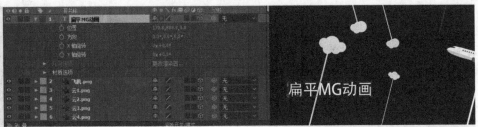

扁平MG动画

图10-144 图10-145

13 按快捷键Ctrl+Shift+Alt+C创建一个摄像机，并保持默认参数设置。按快捷键Ctrl+Shift+Alt+Y创建一个空对象图层。将新创建的空对象图层设置为"摄像机1"的"父级"，然后将时间指示器移动到第1秒，激活空对象图层的"3D图层"属性，接着按P键调出空对象层的"位置"属性，并激活其关键帧，如图10-146所示。

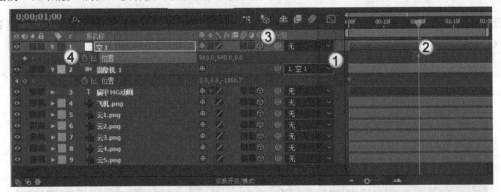

图10-146

14 将时间指示器移动到0:00f，并设置空对象层的"位置"为（-800,540,800），此时的画面效果如图10-147所示。选中空对象图层的两个关键帧，按F9键将其转换为缓动关键帧，如图10-148所示。

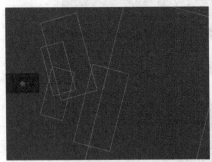

图10-147 图10-148

15 选中所有的图层，然后单击鼠标右键并选择"预合成"选项，将其合并到一个预合成中，并将生成的预合成命名为"飞机"，如图10-149所示。

图10-149

16 进入转场动画的效果如图10-150所示。

图10-150

10.4.2 片头转场

01 新建一个合成，并将其命名为"转场"。使用"钢笔工具" 并按住Shift键在"合成"面板中从绘制一条直线，同时不使用填充，效果如图10-151所示。

图10-151

02 选中"形状图层1>内容>形状1"属性，单击"内容"右侧的"添加"菜单按钮 并选择"修剪路径"选项。将时间指示器移动到第0秒，设置"开始"和"结束"均为0%，同时激活这两个属性的关键帧，如图10-152所示；将时间指示器移动到第1秒，设置"开始"和"结束"均为100%，如图10-153所示。

图10-152

图10-153

03 选中"结束"属性的两个关键帧，并将其向后拖曳3f，如图10-154所示。选中所有关键帧，按F9键将其转换为缓动关键帧，如图10-155所示。

图10-154

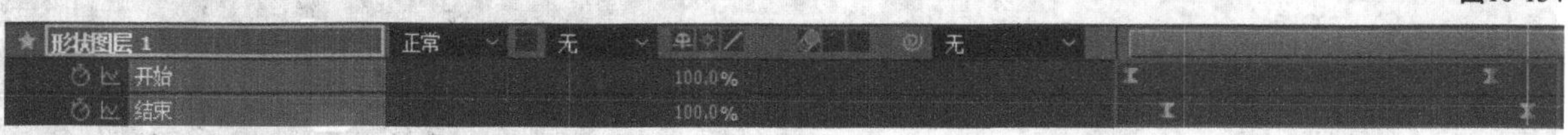

图10-155

04 进入"图表编辑器"，分别编辑"开始"和"结束"属性的值曲线。调整曲线左侧的手柄，使曲线先快速上升，如图10-156所示。

图10-156

05 单击"添加"菜单按钮 ◙ 并选择"Z字形"选项，使绘制的形状具有"锯齿"效果，然后将其移动到"修剪路径1"效果上一层，并设置"大小"为10，"每段的背脊"为3，"点"为"平滑"，如图10-157所示。

图10-157

06 修改形状的"描边"属性，设置"描边1"的"描边宽度"为11像素，"线段端点"为"圆头端点"，如图10-158所示。

图10-158

07 按快捷键Ctrl+D创建多个副本，并调整每个副本的"位置""线段长度""描边宽度"和"锯齿"下的"大小"，丰富画面的元素，最后激活所有图层的"运动模糊"属性，如图10-159所示。

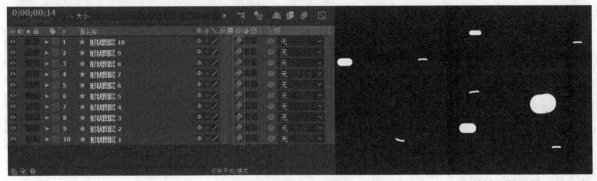

图10-159

08 选中所有的形状图层，单击鼠标右键并选择"预合成"选项，将其合并到一个预合成中，并将生成的预合成命名为"线"，如图10-160所示。

09 新建一个纯色图层，并将其命名为"背景"，"颜色"为浅绿色（R:208，G:230，B:156），最后将其放置在合成的底层，效果如图10-161所示。

10 创建两个"背景"图层的副本和一个"线"图层的副本，然后按图10-162所示的顺序进行排列，并设置两个"线"图层的轨道遮罩模式为"Alpha"遮罩，如图10-162所示。

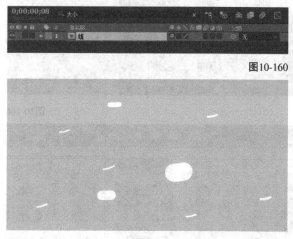

图10-160

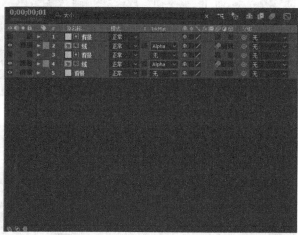

图10-161

图10-162

11 使用"矩形工具" ■ 在"合成"面板中绘制一个矩形，并设置"描边宽度"为0像素，"填充颜色"为粉色（R:252，G:136，B:123），效果如图10-163所示；绘制第2个相同大小的矩形，并设置"填充颜色"为浅黄色（R:225，G:221，B:149），效果如图10-164所示。

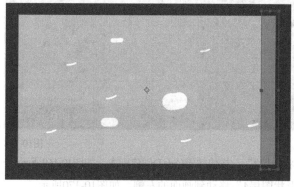

图10-163

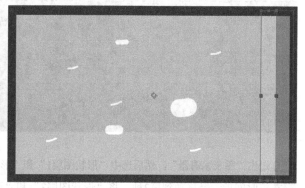

图10-164

12 按快捷键Ctrl+Shift+Alt+Y创建一个空对象图层，并将其命名为"F1"，然后将其设置为形状图层和三个背景的"父级"，如图10-165所示。

图10-165

289

13 将时间指示器移动到第0秒，按P键调出"F1"的"位置"属性，并设置该属性值为（﹣1000,540），激活它的关键帧，如图10-166所示；将时间指示器移动到第5秒，并设置该属性值为（2900,540），如图10-167所示，然后选中该关键帧并按F9键将其转换为缓动关键帧，接着进入"图表编辑器"。通过调整手柄修改后的速度曲线如图10-168所示。

图10-166

图10-167

图10-168

14 退出"图表编辑器"，然后选中"形状图层1"和"形状图层2"，按快捷键Ctrl+D创建副本，如图10-169所示。

15 将时间指示器移动到第2秒，将"形状图层3"和"形状图层4"移动到画面的左侧，如图10-170所示。

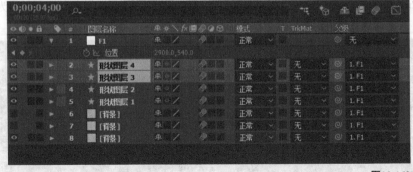

图10-169

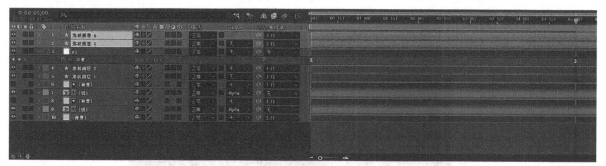

图10-170

16 单击"F1"的"位置"属性的"在当前时间添加或移除关键帧"按钮◇，然后进入"图表编辑器"的速度曲线面板。拖曳中间一个关键帧，使其高度到0，并调整手柄，使速度曲线调整为图10-171所示的形状。

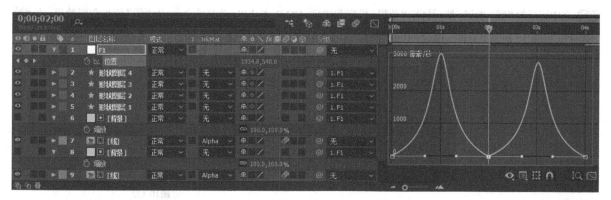

图10-171

17 选中"F1"图层，按S键调出"缩放"属性，并设置该属性值为（120%,120%），同时调整"位置"属性的两个关键帧值，使动画在开始和结束时的画面均为空，效果如图10-172所示。

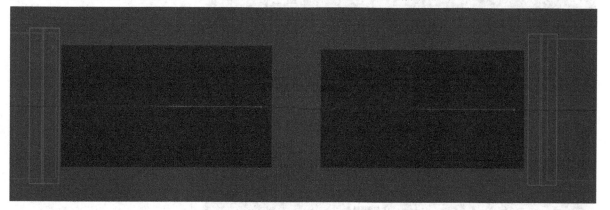

图10-172

18 调整"线"合成的出现时间，使得片头转场的动画效果如图10-173所示。

图10-173

10.4.3 运动模糊

01 激活所有图层的"运动模糊"属性，并单击"时间轴"面板中的"运动模糊"按钮，如图10-174所示。

图10-174

02 选中底层的"线"图层，然后执行"效果>模糊和锐化>CC Radial Blur"菜单命令，为"线"添加阴影效果。在"效果控件"面板中，设置"Type"为"Fading Zoom"，"Amount"为100，"Quality"为100，"Center"为（492，-72），如图10-175所示。

图10-175

03 执行"效果>生成>填充"菜单命令为阴影填充颜色。在"效果控件"面板中，设置"颜色"为黑色，"不透明度"为50%，如图10-176所示。

图10-176

04 执行"效果>模糊和锐化>快速模糊"菜单命令对阴影进行模糊。在"效果控件"面板中，设置"模糊度"为15，如图10-177所示。

图10-177

05 在"项目"面板中找到现在的"转场"合成，将其拖曳到合成中，效果如图10-178所示。

06 由于我们制作的转场画面是从左向右切换的，与"飞机"合成的运动方向相反，因此我们需要对其方向进行调整。选中"转场"图层，按S键调出"缩放"属性，然后取消比例约束，接着设置该属性值为（-100%，100%），如图10-179所示。

图10-178　　　　　　　　　　　　　　　　　　　　　　　　　　　　　　图10-179

07 选中"飞机"合成，按快捷键Ctrl+D创建一个副本，为底层的飞机图层添加与步骤02至步骤04相同的效果，如图10-180所示。

图10-180

> **提示**　除此之外，我们还可以从"转场"合成的"线"合成中直接将3个效果复制并粘贴过来。

08 按快捷键Ctrl+Y创建一个纯色图层作为背景，并设置其名称为"BG"，"颜色"使用任意一种，最后将该图层放置在底层，如图10-181所示。

图10-181

09 执行"效果>生成>梯度渐变"菜单命令，并设置"渐变起点"为（700，-100），"起始颜色"为淡紫色（R:205，G:171，B:217），"渐变终点"为（2000,1200），"结束颜色"为青色（R:140，G:255，B:235），如图10-182所示。

图10-182

10 将"飞机"合成的持续时间条向后拖曳到2:20f，使画面运动变得更加合理，如图10-183所示。

图10-183

11 双击"飞机"合成，为除摄像机和空对象图层外的所有图层激活"运动模糊"属性，单击"运动模糊"按钮，然后返回到"扁平MG动画"合成中查看效果，如图10-184所示。

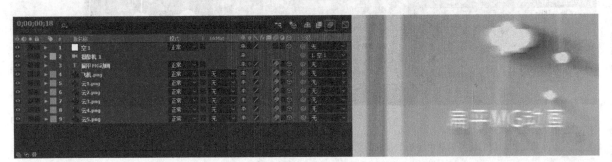

图10-184

12 对各个图层的出现时间和关键帧的时间进行调整，这需要读者反复调整和查看。转场动画中绿色背景部分运行了约2秒的时间，调节"线"合成中的关键帧位置并在"图表编辑器"中重新调整值曲线，使"线"动画的持续时间与绿色背景部分的存在时间更加匹配。

提示 为了便于调节，可以将"形状图层1"至"形状图层9"的"开始"和"结束"属性动态链接到"形状图层10"的"开始"和"结束"属性值上，从而就可以通过修改"形状图层10"的"开始"和"结束"属性值，对所有的形状图层进行调整，如图10-185所示。

图10-185

13 单击"播放"按钮，观看制作好的扁平MG动画，该动画的静帧图如图10-186所示。

图10-186

附录 常用快捷键一览表

项目窗口快捷键	
快捷键	**功能**
Ctrl+Alt+N	新建项目
Ctrl+O	打开项目
Ctrl+Alt+Shift+P	打开最近的一个项目
Ctrl+S	保存项目
双击	打开选择的素材项或合成图像
Ctrl+K	显示所选的合成图像的设置
Ctrl+I	导入一个素材
Ctrl+Alt+I	导入多个素材
Alt+从项目窗口拖曳素材项到合成图像	替换选择层的源素材或合成图像
Ctrl+H	替换素材文件
Ctrl+Alt+Shift+L	扫描发生变化的素材
Ctrl+Alt+L	重新调入素材
Ctrl+Alt+Shift+N	新建文件夹
Ctrl+Q	退出

面板快捷键	
快捷键	**功能**
Ctrl+N	新建合成
Shift+Home	到工作区域开始
Shift+End	到工作区域结束
J	到前一可见关键帧
K	到后一可见关键帧
Alt+J	到前一可见层时间标记或关键帧
Alt+K	到后一可见层时间标记或关键帧
0~9（主键盘）	到合成时间标记
Home或Ctrl+Alt+←	到开始处
End或Ctrl+Alt+→	到结束处
Page Down或Ctrl+←	向前一帧
Shift+Page Down或Ctrl+Shift+←	向前十帧
Page Down或Ctrl+→	向后一帧
Shift+Page Up或Ctrl+Shift+→	向后十帧
I	到图层的入点
O	到图层的出点
~	最大化/取消最大化选中的面板

合成、图层和素材窗口中的编辑快捷键	
快捷键	**功能**
Ctrl+C	复制
Ctrl+D	创建副本
Ctrl+V	粘贴

合成、图层和素材窗口中的编辑快捷键	
快捷键	**功能**
Ctrl+X	剪切
Ctrl+Z	撤销
Ctrl+Shift+Z	重做
Ctrl+A	全选
Ctrl+Shift+A或F2	取消全选
Enter（主键盘）	层、合成图像、文件夹、效果重命名
Ctrl+Shift+]	放在最顶层
Shift+]	向上移动一层
Shift+[	向下移动一层
Ctrl+Shift+[	放在最底层
Ctrl+↓	选择下一层
Ctrl+↑	选择上一层
Alt+[	剪去层的入点前的部分
Alt+]	剪去层的出点后的部分
Ctrl+Y	创建新的纯色图层
Ctrl+Shift+Y	纯色图层设置
Ctrl+Shift+Alt+T	创建新的文本图层
Ctrl+Shift+Alt+Y	创建新的空对象层
Ctrl+Alt+Y	创建新的调节图层

查看图层属性的快捷键	
快捷键	**功能**
E	效果
F	蒙版羽化
M	蒙版形状
TT	蒙版不透明度
T	不透明度
P	位置
R	旋转
S	缩放
U	显示所有激活关键帧的属性
F9	将选中的关键帧转换为缓动关键帧
Shift+F9	让关键帧左侧的动画变得平滑
Ctrl+Shift+F9	让关键帧右侧的动画变得平滑
Ctrl+鼠标左键	令选中的关键帧在圆形关键帧和菱形关键帧中切换
Alt +拖曳最外侧的关键帧	调节整段动画的时间长短，并保持每个关键帧所在的时间比例不变
Alt+[	剪去层的入点前的部分
Alt+]	剪去层的出点后的部分
Ctrl+Y	创建新的纯色图层
Ctrl+Shift+Y	纯色图层设置
Ctrl+Shift+Alt+T	创建新的文本图层
Ctrl+Shift+Alt+Y	创建新的空对象层
Ctrl+Alt+Y	创建新的调节图层